24,80

W. Schmidt · K. Tamm · E. Wallikewitz

# CHAMÄLEONS
# Drachen unserer Zeit

mit 40 Farbfotos und 14 Schwarzweißfotos



Terrarien Bibliothek

**Danksagung**

Besonders bedanken wir uns bei Frau Dipl. Biol. Ursel Friederich, Stuttgart, für zahlreiche Anregungen und Informationen und für die hilfreiche Unterstützung beim Zustandekommen des Manuskripts, sowie bei Herrn Priv.-Doz. Dr. W. Böhme, Bonn, für die Durchsicht des Manuskripts.

Ferner bei allen, die durch Informationen zum Gelingen dieses Buches beigetragen haben. Im einzelnen seien, alphabetisch aufgelistet, besonders erwähnt: Herr K. Assmann, Münster; Herr A. Graf, Beimerstetten; Herr S. Heinecke, Wuppertal; Herr F.W. Henkel, Bergkamen; Herr W. Kunstek, CW Kerkrade; Herr R. Leptien, Alveslohe; Herr K. Liebel, Herne; Frau V. Müller, Soest; Herr M. v. Niekisch, Stuttgart; Herr J. Pietschmann, Aalen; Frau B. Seume, Soest; Herr H. Simon, Dreieich; Herr K. Steffen, Kamen; Herr R. Stockey, Hagen; Herr R. Zobel, Herne.

Nicht zuletzt danken wir Frau G. Schmidt für die Fertigstellung des Manuskripts.



ISBN: 3-9801853-1-1


Satz und Druck: Thiekötter Druck GmbH, Münster

# Inhalt

Seite

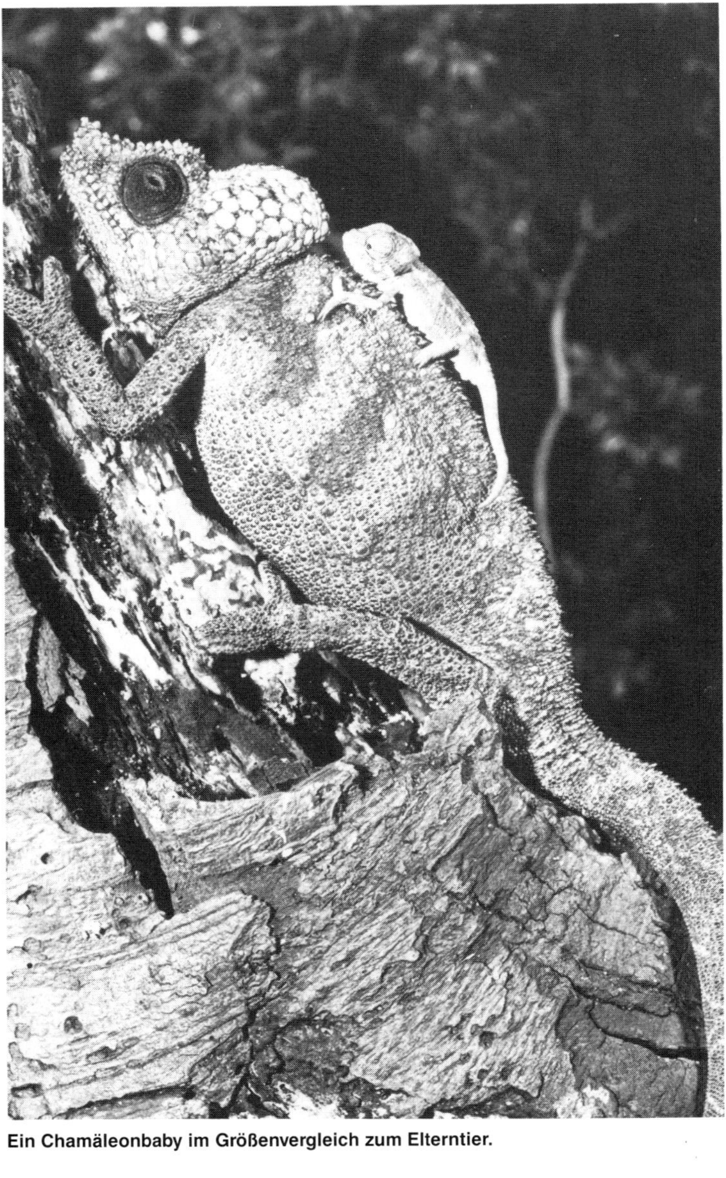

**Ein Chamäleonbaby im Größenvergleich zum Elterntier.**

# Vorwort

Gerade in der heutigen Zeit, mit der fortschreitenden Umweltzerstörung und der Verstädterung, haben viele Menschen den Wunsch, sich ein Stück Natur in die Wohnung zu holen. Dabei fällt die Wahl immer häufiger auf ein Terrarium. Besonders die faszinierenden Chamäleons, die häufig an urweltliche Drachen erinnern, sind oft auf der Wunschliste der Terrarianer zu finden. Leider existieren in der Fachliteratur nur wenige Publikationen über die Haltung und Zucht von Chamäleons, oft wurde auch einfach nur pauschal gesagt: „unhaltbar". Erst in der letzten Zeit häufen sich die Nachzuchtberichte.

Die vielen Besonderheiten der Chamäleons, die weit über den Farbwechsel und den „Schleuderzungentrick" hinausreichen, sind auch dem interessierten Tier- und Naturfreund häufig unbekannt. Das vorliegende Buch stellt die faszinierende Welt der Chamäleons vor, die sich als urzeitliche Geschöpfe in unsere Zeit hinübergerettet haben. Darüber hinaus soll es den zahlreichen Anfängern wichtige Hilfestellung bei der Gestaltung und Einrichtung der Terrarien und bei der Auswahl der Terrarienpfleglinge sein und dem erfahrenen Terrarianer als Nachschlagewerk und als Anregung zur Lösung der vielen noch ungeklärten Probleme dienen. Ein besonderer Schwerpunkt dieses Buches ist die Terrarientechnik. Sie scheint neben den Erkenntnissen, die wir auf zahlreichen Exkursionen in die Verbreitungsgebiete der Chamäleons gewonnen haben, ein Grund für die immer häufigeren Zuchterfolge zu sein.

Das Buch erhebt keinen Anspruch auf Vollständigkeit, sondern will nur einen Überblick über die häufig gepflegten Chamäleonarten geben und den Leser mit diesen allgemein zwar bekannten, im Detail aber doch recht unbekannten Drachen unserer Zeit vertraut machen.

# Bemerkungen zur Systematik

Bei dem Wort Systematik werden einige erschrecken und dieses Kapitel lieber überschlagen. Trotzdem meinen wir, daß es für den interessierten Terrarianer auf die Dauer doch notwendig ist, sich mit diesem Thema zu befassen.

Die Klasse Reptilia besteht aus 4 Ordnungen. Von diesen interessiert uns aber nur die Ordnung der Schuppenkriechtiere (Squamata). Zu deren Unterordnung Sauria gehört dann auch schon die Familie Chamaeleonidae. Die weitere Unterteilung in Gattungen, Arten und Unterarten ist im Wandel begriffen. Deshalb sei hier ein kurzer geschichtlicher Überblick gestattet.

In seiner Veröffentlichung „Prodomus einer Monographie der Chamäleonten" im Jahre 1902 hat WERNER 3 Gattungen, nämlich Chamaeleo, Brookesia und Rhampholeon aufgeführt. Zur Gattung Chamaeleo gehörten die echten Chamäleons. Bei den Vertretern der Gattungen Brookesia und Rhampholeon handelte es sich um sogenannte Stummelschwanz- oder Erdchamäleons. Insgesamt unterschied er 70 Arten, in der erweiterten Liste von 1911 schon 88 Arten. 1959 veröffentlichte HILLENIUS dann eine Aufstellung, die nur noch 69 Arten enthielt. MERTENS (1966) mit 84 Arten und SCHIFTER (1971) mit 86 Arten führten sogar nur 2 Gattungen auf, Brookesia und Chamaeleo.

In allerneuester Zeit haben sich nun KLAVER und Böhme (1986) der schwierigen Aufgabe unterzogen, die natürliche Verwandtschaft der Arten zu erkennen, die sich dann auch im System wiederspiegelt. Zwei wichtige morphologische Merkmale, Hemipenis und Lunge, untersuchten sie bei ca. 70% der Chamäleonarten. Sie kamen zu folgendem Ergebnis:

Die Familie Chamaeleonidae wird in die beiden Unterfamilien Chamaeleoninae (echte Chamäleons) und Brookesiinae (Erd- und Stummelschwanzchamäleons) unterteilt.

Die erste Unterfamilie enthält 4 Gattungen:

Calumna (z. B. Calumna brevicornis)

Furcifer (z. B. Furcifer lateralis)

Bradypodion (z. B. Bradypodion fischeri)

Chamaeleo (z. B. Chamaeleo chamaeleon)

Bei der Gattung Chamaeleo unterscheidet man weiter in die Untergattungen Chamaeleo und Triocerus, z. B. Chamaeleo (Triocerus) jacksonii.

Die Brookesiinae dagegen haben nur die Gattungen:

Brookesia (z. B. Brookesia stumpffi) und
Rampholeon (z. B. Rhampholeon brevicaudatus).

Da uns diese Arbeit zukunftsweisend erscheint, werden wir die neue Klassifikation verwenden. Dies bedeutet, daß wir die 3 neuen Gattungsnamen lernen müssen und die dazugehörigen Arten. So heißt das bisher als Chamaeleo lateralis vertraute Teppichchamäleon nun Furcifer lateralis.

**Chamaeleo bitaeniatus zählt zu den farbenprächtigsten Arten.**

# Chamäleons, Saurier der Neuzeit

Die Chamaeleonidae gehören innerhalb der Wirbeltiere zur Klasse der Reptilien und sind dort Angehörige der Echsengruppe, Squamata. Die Squamata-Gruppe entstand vor etwa 195 Millionen Jahren im Trias, in ihr entwickelte sich im Laufe der Zeit die Familie der Chamaeleonidae, die rund 100 Millionen Jahre alt ist und bis in die Kreidezeit zurückreicht. Das Verbreitungsgebiet der Chamäleons muß früher wesentlich größer gewesen sein, sogar in Bayern hat man fossile Reste gefunden. Heute existieren in Europa nur noch Reliktvorkommen im Mittelmeergebiet.

Die Chamäleons sind höchst vielgestaltig. Die größten Unterschiede liegen schon in den beiden Unterfamilien. Die Chamaeleoninae sind meist große (bis 80 cm Gesamtlänge) und farbenprächtige Tiere. Im Gegensatz dazu sind die Brookesiinae meist winzige, eintönig graue oder braune Tiere. Die kleinste bekannte Art ist Brookesia minima mit einer maximalen Gesamtlänge von 34 mm.

Bei einigen Chamäleonarten sehen die Tiere je nach Alter und Geschlecht so verschieden aus, daß es einem Laien sehr schwer fällt, sie eindeutig ihrer Art zuzuordnen. Zu den eindrucksvollsten Merkmalen gehört der Kopfschmuck einiger Chamäleons. Es gibt Arten mit einem, zwei, drei, vier oder sechs Hörnern. Andere haben hornähnliche Schnauzenfortsätze ausgebildet, die ihnen ein imposantes Aussehen verleihen. Wieder andere haben Hautlappen am Kopf, die sie wie Elefantenohren abstellen können, somit größer aussehen und Feinde (Prädatoren) abschrecken. Sehr beeindruckend ist es, wenn man ein Calumna brevicornis, daß nur mühsam im Habitat zu entdecken war, ergreifen will und dieses Tier keineswegs flieht, sondern die Hinterhauptlappen abspreizt und mit geöffnetem Maul laut fauchend gegen die Hand vorgeht.

Über die Bedeutung der Hörner und Schnauzenfortsätze gibt es unterschiedliche Deutungen. Sicher ist, daß die Männchen sie zum Kommentkampf benutzen. BÖHME und KLAVER (1981) wiesen an den Kameruner Montanarten außerdem nach, daß sie auch zur Arterkennung dienen können. Lange Zeit ging die Wissenschaft davon aus, daß die Familie Chamaeleonidae in Madagaskar entstanden ist. Heute weiß man, daß die Chamäleons in Ostafrika ihren Ursprung haben. Von dort haben sie ganz Afrika, das Mittelmeergebiet, die arabische Halbinsel, Indien und Ceylon besiedelt. Verbreitungsschwerpunkte sind Ostafrika, Westafrika (Kamerun) und Madagaskar. In Madagaskar leben heute die meisten der ca. 120 Chamaeleoninae- und ca. 30 Brookesiinaearten. Sie konnten dort die größte Artenvielfalt entwickeln.

**Das große Chamaeleo melleri erinnert mit seinem urtümlichen Aussehen an die Drachen vergangener Tage. Es lebt in den abgelegenen Bergwäldern Tansanias und bewohnt dort die Baumkronen der Urwaldriesen.**

# Kletterkünstler mit Niveau

**Die meisten Chamäleons führen ein Leben in luftiger Höhe.**

Die Chamäleons stellen die am besten an das Leben in Bäumen und Büschen angepaßten Reptilen dar. Sie sind hierfür mit ihren zu Greifzangen umgeformten Füßen, ihrem Greifschwanz, getrennt voneinander beweglichen Augen und ihrer Schleuderzunge bestens ausgerüstet. In luftiger Höhe, gut getarnt vom umgebenden Blattwerk, verbringen die Tiere den größten Teil des Tages als Lauerjäger, immer auf der Suche nach anfliegenden Insekten, die sie mit Hilfe ihrer Schleuderzunge fangen.

Die meisten Chamäleons lieben das Sonnenlicht, nur wenige extreme Waldbewohner (z. B. die meisten Erdchamäleons) meiden die Sonne. Im Gegensatz zu den echten Chamäleons haben sich die Erdchamäleons aus Madagaskar zu Waldbewohnern entwickelt, die jedes Sonnenlicht meiden und nur die Laub- und Krautschicht bewohnen. Sie verbringen den Tag damit, durchs Laub zu streifen und nach Futter zu suchen. Dank ihrer guten Tarnung sind sie dort so gut wie nicht zu entdecken. Die afrikanischen Erdchamäleons bewohnen ebenfalls die Laub- und Krautschicht der Wälder. Einige Arten haben sich zusätzlich die Savanne als Lebensraum erschlossen, dort findet man sie im Bodenbereich der Grasnarbe. Neben den Erdchamäleons haben sich auch einige Arten der echten Chamäleons wieder zu Bodenbewohnern entwickelt. Hierzu gehört Chamaeleo namanquensis aus Namibia und Südafrika und Chamaeleo chamaeleon aus dem Süden der algerischen Sahara, wo es die Sanddünen und die Oasen bewohnt. Bei dieser kurzen Beschreibung zeigt sich schon, daß die Chamäleons in allen Vegetationszonen, von der Wüste bis zum Regenwald, leben und daß jede Art innerhalb dieser Vegetationszonen einen bestimmten Lebensraum bewohnt. Daraus läßt sich ermessen, wie schwierig es ist, beispielsweise ein Lappenchamäleon (Ch. dilepis) artgerecht zu pflegen. Diese Art bewohnt fast ganz Afrika südlich der Sahara. Die Pflege des Lappenchamäleons ist nur möglich, wenn man den genauen Fundort kennt und weiß, in welchem Biotop die Tiere dort leben. Es ist daher sehr vorteilhaft, die Tiere selbst zu fangen, wobei man ihre natürlichen Lebensgewohnheiten beobachten kann.

Überrascht sein dürfte der Bergsteiger, der den Mount Kenia besteigt und dort in 4500 Metern Höhe, direkt an der Schneegrenze, auf ein Chamäleon trifft. Bei diesem Tier handelt es sich um Chamaeleo schubotzi, das Chamäleon mit der größten Höhenverbreitung.

# Meister der Tarnung

Ein Chamäleon in seinem natürlichen Lebensraum zu entdecken, ist ein Such- und Geduldsspiel: Chamäleons sind Meister der Tarnung! Sie ahmen mit ihrem Körper und ihrer Färbung nahezu perfekt Gegenstände aus ihrer unmittelbaren Umgebung nach: lebende oder welke Blätter, Zweige und Grashalme (Mimese). So sind sie in ihrem Lebensraum nur schwer zu entdecken, nicht nur vom Menschen, sondern auch von ihren Freßfeinden. Allen echten Chamäleons gemeinsam ist, daß die Körperform entsprechend ihrem arboralen Lebensraum blattförmig ist. Diese Blattmimese „verbessern" die echten Chamäleons noch durch das Nachahmen von lebenden Blättern, die im Wind schaukeln: Sie bewegen sich ruckartig fort, immer ein Stück vor und ein kleineres Stück zurück, so fallen die Chamäleons nicht mehr als statischer Punkt auf. Dieses Verhalten zeigen einige Chamäleons immer, wenn sie behelligt werden oder sich beobachtet fühlen. Am ausgeprägtesten ist es bei Jungtieren.

Bei den Erdchamäleons ist die Mimese viel weiter entwickelt als bei den echten Chamäleons. Dies dürfte auch der Grund sein, weshalb sie so selten gesehen werden. Früher wurde einfach gesagt, die Brookesia-Arten würden mit ihrer Rückensäge eine Zweig-Mimese und die Rhampholeon-Arten eine Blattmimese zeigen. Diese Aussagen stimmen so pauschal nicht. Wenn man sich ein Brookesia stumpffi betrachtet, erinnert es mehr an ein verdörrtes Blatt als an einen Zweig. Es verstärkt die Mimese noch, wenn die Tiere bei Annäherung erstarren, manche schließen sogar die Augen. Auch bei den afrikanischen Erdchamäleons gibt es weitere Mimeseformen, wie die von FRIEDERICH (1985) beschriebene Grasmimese für Rhampholeon kerstenii. Bei den Stummelschwanzchamäleons hat sich noch eine weitere Besonderheit entwickelt, die Akinese (Sich-Tot-Stellen). Ein unbeweglich wie tot daliegendes Chamäleon wird von einem Freßfeind nicht mehr als Beute erkannt und besitzt damit gute Überlebenschancen. Der Ablauf dieses Verhaltens ist immer gleich. Es wird ausgelöst durch Berühren des Tieres, aber auch durch die Erschütterung des Gegenstandes, auf dem das Stummelschwanzchamäleon sitzt. Das Tier winkelt die Beine an, macht den Körper steif und läßt sich auf den Boden fallen. Dort bleibt es bewegungslos liegen. Nun schützt manche Erdchamäleons (einige

**Auch eine kontrastreiche Färbung macht im Gebüsch „unsichtbar".**

Brookesia-Arten) zusätzlich ein äußerst kompliziert aufgebautes Skelett, beispielsweise vor Schnabelhieben von Vögeln, die testen wollen, ob da etwas Eßbares zu Boden gefallen ist. Bei diesen Arten befindet sich ein Sparrenwerk aus akzessorischen Bögen über der Wirbelsäule, die dem Rückenmark einen außerordentlichen Schutz verleihen und Schnabelhiebe abfangen, so daß die Erdchamäleons den Zustand der Akinese nicht aufgeben müssen. In diesem Zusammenhang sei erwähnt, daß die Erdchamäleons verkalkte Endolymph-Säcke aufweisen, die ein zusätzliches statisches Organ darstellen, mit deren Hilfe sie sich immer in die Bauchlage manövrieren (BÖHME 1982; SCHMIDT, HENKEL und BÖHME 1989).

Abschließend läßt sich sagen, daß die Chamäleons durch ihre Verbindung von Struktur- und Verhaltensmimesen - echte Chamäleons lebendes Blatt und Windschaukeln, Erdchamäleons dürres Blatt, Zweig oder Grashalm und Akinese - geradezu perfekt an ihre natürliche Umwelt angepaßt sind. So läßt sich erklären, daß diese überwiegend langsamen und wehrlosen Tiere bis heute überleben konnten.

Chamaeleo chamaeleon-Biotop in Tunesien und Chamaeleo dilepis.

# Temperaturregulation, Häutung und andere Besonderheiten

Wie alle Reptilien gehören auch die Chamäleons zu den wechselwarmen Tieren. Sie sind daher nicht in der Lage, ihre Körpertemperatur wie Säugetiere und Vögel selbst konstant zu halten, sondern sind von der Umgebungstemperatur abhängig. Dies ist mit ein Grund dafür, daß die Chamäleons nur die wärmeren Regionen bewohnen.

Zur Temperaturregulation, das heißt zum Erreichen der Vorzugstemperatur und zum Schutz vor Überhitzung, haben die Chamäleons einige Strategien entwickelt. So sind die Chamäleons morgens und an kühlen Tagen dunkel gefärbt, um die gesamte Wärmestrahlung aufzunehmen. Um die Sonnenstrahlung intensiv auszunutzen, platten die Chamäleons ihren Körper ab, damit sie eine möglichst große Fläche der Sonne

**Chamaeleo namanquensis aus der Namib-Wüste demonstriert eine ungewöhnliche Lebensweise: Es hat sich zu einem bodenlebenden Wüstenbewohner entwickelt.**

entgegenstrecken können. Werden die Tiere warm, so färben sie sich immer heller, einige Arten fast weiß, um so viel Wärmestrahlung wie möglich zu reflektieren. Steigen die Temperaturen weiter an, so suchen die Chamäleons Schutz vor der Sonne im Schatten. Reicht das immer noch nicht, so versuchen sie mit geöffnetem Maul, sich durch Verdunstung Kühlung zu verschaffen. Besondere Vorsicht ist bei Jungtieren geboten, sie können die Temperatur noch nicht gut regeln, ihre kleinen Körper überhitzen sich schnell.

Die Oberhaut (Epidermis) besteht aus stark verhornten Schuppen, die in Größe, Anzahl, Gestalt und Anordnung artunterschiedlich ausgebildet sein können. Bei den Chamäleons unterscheidet man folgende Schuppenarten: Körnerschuppen, Tuberkelschuppen, Tafelschuppen, Kegelschuppen und gekielte Schuppen. Die Epidermis wächst, da sie aus abgestorbenen Keratinzellen besteht, nicht mit und muß in regelmäßigen Abständen beim Häuten erneuert werden. Deshalb häuten sich die Jungtiere recht häufig und mit zunehmendem Alter immer seltener. Das Häuten beginnt mit einem leichten Eintrüben der Haut, meist löst sie sich dann anschließend in Fetzen ab. Die Chamäleons unterstützen diesen Vorgang, indem sie sich an Ästen und Steinen reiben. Außerdem versuchen sie mit Hilfe des Mauls und der Füße, die verbliebene Haut abzuziehen. Nach der Häutung erstrahlen sie wieder in den schönsten Farben. Der Vorgang dauert je nach Art unterschiedlich lang. Einige benötigen Stunden, andere wieder Tage.

Viele anatomische Besonderheiten zeichnen die Chamäleons aus, sie sind meist Anpassungen an den arboralen Lebensraum. So sind bei allen Chamäleons die Füße, durch Zusammenwachsen von je 2 und 3 Zehen, zu idealen Greifzangen umgeformt, mit denen die Chamäleons bestens Zweige umklammern. Zusätzlich ist bei den echten Chamäleons der lange Schwanz sehr beweglich und an der Innenseite mit Haftschuppen besetzt, so daß er als idealer Greifschwanz zum Verankern im Geäst dient. Die Stummelschwanzchamäleons sind nicht in der Lage, ihren Schwanz großartig zum Festhalten zu benutzen, lediglich die Schwanzspitze ist etwas beweglich und wird zum Abstützen benutzt.

Zur Regeneration des Schwanzes oder anderer Körperteile sind die Chamäleons nicht befähigt. In der Natur findet man daher häufig Tiere mit verheilten Verletzungen und verkürzten Schwänzen. Auf die weiteren Besonderheiten der Chamäleons wird in den folgenden Abschnitten gesondert eingegangen.

# Scharfsichtige Jäger mit Panoramablick

Chamäleons besitzen mit ihren speziell konstruierten Kuppelaugen den totalen Überblick. Die Augen können unabhängig voneinander bewegt werden, so daß das Chamäleon gleichzeitig nach vorn und hinten schauen kann. Dieser Panoramablick ermöglicht es den Chamäleons, ihre gesamte Umgebung zu kontrollieren, ohne ihren eigenen Standort durch Bewegungen, wie zum Beispiel Drehen des Kopfes, zu verraten. Bemerkenswert ist vor allem die Tatsache, daß das verhältnismäßig große, kegelförmige Auge des Chamäleons weit aus dem Kopf herausragt und eine im Vergleich zu anderen Reptilien deutlich größere Bewegungsfreiheit hat. Dies verschafft dem Chamäleon ein Sehfeld von je 180 Grad horizontal und je 90 Grad vertikal, sozusagen einen Rundumblick.

Auf der Suche nach Futter wandern die Augen rastlos umher, bis ein Beutetier aufgrund seiner Bewegungen entdeckt ist. Dieses wird dann mit beiden Augen fixiert, bis eine zum Schuß günstige Entfernung erreicht ist. Das binokulare Sehen ist zur Abschätzung von Entfernungen vorteilhaft. Es beruht auf dem Umstand, daß durch den Seitenabstand der Augen zwei unterschiedliche Bilder entstehen. Den geringen Unterschied wertet das Gehirn, das beide miteinander vereinigt, zum Abschätzen der Entfernung aus.

Chamäleons haben, wie fast alle Wirbeltiere, Linsenaugen, eine Augenform, die allgemein als die höchst entwickelte gilt. Die Lider sind an jedem Auge zu einer Halbkugel zusammengewachsen. In der Mitte bleibt ein Loch frei für den Lichteinfall zur Pupille. Da die Lider mit dem Augapfel verbunden sind, machen sie praktisch jede seiner Bewegungen mit. Begibt sich das Chamäleon zur Ruhe auf seinen Schlafplatz, wird das Lidloch geschlossen und der Augapfel dreht sich nach unten. Auf diese Weise kommt die Pupille hinter ein Knochenplättchen zu liegen, und jeder Lichtstrahl wird abgehalten.

Das Chamäleonauge besitzt mit dem Lidloch und der Pupille eine doppelte Blendeneinrichtung. Wahrscheinlich bewirkt das Lidloch als zweite Blende beim binokularen Fixieren der Beute eine Steigerung der Treffsicherheit. Allerdings wird die Lichtstärke dadurch herabgesetzt.

Beobachtungen zeigen, daß Chamäleons zum treffsicheren Zungenschuß gute Lichtverhältnisse benötigen und ferner, daß die Tiere, die unter unzureichender Beleuchtung gepflegt werden, erstaunlich häufig danebenschießen. Die Fehlschüsse liegen dann allesamt zu kurz. Beim Zungenschuß selbst werden die Augen beim Heranziehen der Beute geschlossen, um Verletzungen zu vermeiden. Manchmal kann man beobachten, wie das Auge eines Chamäleons fast ganz aus dem Kopf heraustritt und der Augapfel unter den Lidern bewegt wird. Dies geschieht immer dann, wenn das Tier einen Fremdkörper entfernen will oder sich an einem Ast scheuert, um Häutungsreste abzustreifen. Jeder, der dies zum ersten Mal beobachtet, wird unweigerlich einen Schreck bekommen, scheint doch das Auge völlig aus dem Kopf herauszuquellen.

**Mit seinen beweglichen Kuppelaugen hat dieses farbenprächtige Männchen von Furcifer pardalis den totalen Überblick.**

# Der Trick mit der Schleuderzunge

Immer wieder die gleiche Situation: Besucher sehen sich ein Chamäleon an und plötzlich, für das unvorbereitete Auge nur schemenhaft erkennbar, verschwindet ein Insekt im Maul des Tieres. Mit leicht verblüfftem Gesichtsausdruck wird der Terrarianer gefragt: Was war das?

Nun, der Besucher hat eine der eigentümlichsten Beutefanghandlungen miterlebt, die das Reich der Tiere zu bieten hat. Chamäleons sind nämlich in der Lage, ihre Zunge herauszuschleudern, ein Beutetier zu fangen und die Zunge mit der Beute ins Maul zurückzuziehen. Ein genialer Zungentrick! Allerdings ist auch hier nicht „jeder Schuß ein Treffer". Faktoren wie Helligkeit, Temperatur und Geschwindigkeit des Beuteobjektes spielen eine Rolle (SCHUSTER, 1979).

Das Funktionsprinzip der Chamäleonzunge war lange unklar. 1828 meinte J. HOUSTON, daß eine Blutdrucksteigerung, ähnlich der Penis-Erektion bei Säugetieren, für das Schleudern der Zunge verantwortlich sei. Die Meinungen in der folgenden Zeit wechselten mit dem Fortschreiten der Wissenschaft, bis 1954 ALTEVOGT und ALTEVOGT ihre „Studien zur Kinematik der Chamäleonzunge" veröffentlichten, auf die wir uns im weiteren hauptsächlich beziehen. Die Zunge der Chamäleons ist etwa so lang wie der Körper, bei manchen Arten sogar länger. An ihrem Ende befindet sich eine keulenförmige Verdickung. An der Spitze dieser Keule ist eine napfförmige Eindellung, die mit Drüsen ausgestattet ist. Diese geben eine klebrige Substanz ab (ALTEVOGT und ALTEVOGT, 1954). Mit Hilfe des Zungenbeines und verschiedener Längs- und Ringmuskeln wird die Zunge herausgeschleudert und wieder zurückgezogen (s. Skizze).

Den Vorgang des Beutefangs kann man in 5 Phasen einteilen:

Phase 1: Ein Insekt wird zuerst mit beiden Augen anvisiert.

Phase 2: Das Tier öffnet das Maul und schiebt die Zunge etwas vor, so daß das keulenförmig verdickte Ende sichtbar wird. Dieser Zustand kann bis zu 4 Sekunden anhalten (Protrusion).

Phase 3: Nun „schießt" das Tier die Zunge ab und umfaßt mit der Zungenspitze das Beutetier. Auch durch die Klebkraft des Sekretes wird das Insekt festgehalten (Projektion). ALTEVOGT und

ALTEVOGT geben für diese Phase bei Chamaeleo chamaeleon eine Zeit von 0,039 s bis 0,054 s bei 15 cm Abstand zum Beutetier an.

Phase 4: Das nun folgende Zurückziehen mit der Beute geht 4-5 mal so langsam vor sich. Beeinflußt wird die Geschwindigkeit durch das Gewicht des Beutetieres. Der Zungenkolben pendelt bei diesem Vorgang immer nach unten (Retraktion).

Phase 5: Die Beute wird gekaut und geschluckt.

Auch wenn das Chamäleon sein Beutetier nicht getroffen hat, folgt doch immer eine Schluckbewegung.

Es ist jedoch ein Irrtum, anzunehmen, Chamäleons **müßten** zum Beutetiererwerb ihre Zunge in oben beschriebener Weise benutzen. Auch ohne zu „schießen", nur mit den Kiefern, werden gelegentlich Futtertiere wie Nacktschnecken gepackt, die mit der Zunge nicht aufzunehmen sind oder andere, die sehr nahe sind (ALTEVOGT und ALTEVOGT, 1954).

Auch die Leistung der Chamäleonzunge ist schon einmal experimentell gemessen worden.

**Darstellung der ersten drei Phasen des Beuteschusses.**

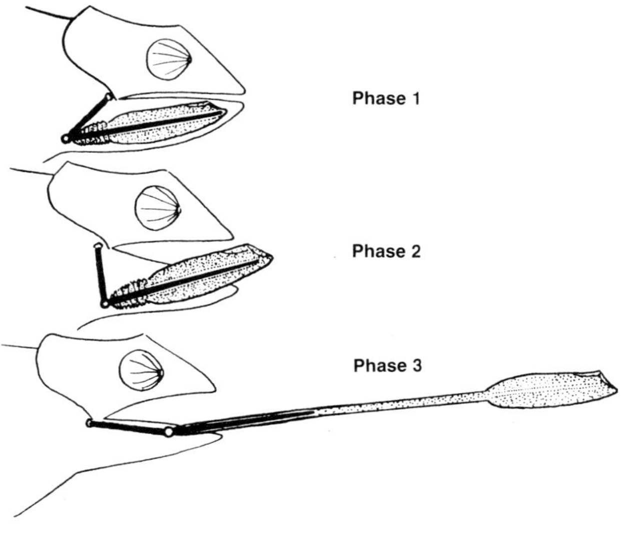

DISCHNER (1958) benutzte eine 100-g-Federwaage, an der er Futtertiere befestigte. Dann ließ er zwei Chamaeleo montium auf diese Tiere „schießen". In seiner Veröffentlichung nennt er 43 g als Höchstwert der Zugleistung der Zunge. Größere Chamäleons werden jedoch sicher noch mehr Kraft aufbringen können.

PARCHER (1974) beschreibt unseres Wissens als erster ein Verhalten bei Chamäleons, das man eigentlich vorher nur von anderen Echsen (z. B. Anolis) kannte. Das Chamäleon führt die Zunge ein kleines Stück aus dem Maul und berührt mit der Spitze kurz den Boden oder den Ast vor sich. Dieses Verhalten haben wir bei allen Chamäleons beobachtet, die wir im Terrarium hielten. Die Wahrscheinlichkeit ist also sehr groß, daß auch die anderen Arten diese Fähigkeit besitzen. SCHWENK (1985) fand bei der Untersuchung der Zunge von Chamaeleo jacksonii Geschmacksknospen. Aufgrund der Tatsache, daß die Chamäleons ein rückgebildetes Jacobson'sches Organ haben, kommt er zu dem Schluß, daß der Geschmackssinn hier stärker angesprochen wird als der Geruchssinn.

**Das Lappenchamäleon hat mit einem treffsicheren Schuß eine Spinne erbeutet.**

# Farbenspiel als Sprachersatz

Die Fähigkeit der Chamäleons zum Farbwechsel ist allgemein bekannt. Chamäleons können sich zum Beispiel „schwarzärgern". Dabei gilt die Ansicht, das Chamäleon passe seine Färbung seiner Umgebung an, um möglichst unentdeckt zu bleiben. Hat man Gelegenheit, Chamäleons über einen längeren Zeitraum zu beobachten, wird man bald feststellen, daß der Farbwechsel in erster Linie physiologischer Natur ist: Das Chamäleon drückt durch seine Färbung seine Stimmung aus, auch gegenüber Artgenossen. Die Färbung und der Farbwechsel sind damit praktisch ein Instrument der Kommunikation, das häufig von spezifischen Verhaltensweisen, wie z. B. Abplatten des Rumpfes, Kopfnicken oder Querwackeln des gesamten Körpers, begleitet wird.

Nun ist es nicht so, daß alle Chamäleons jede beliebige Farbe annehmen können. Das verfügbare Farbspektrum ist von Art zu Art unterschiedlich. Neben der artspezifischen Farbpalette ist die Färbung noch von anderen Faktoren abhängig. In erster Linie ist dabei die allgemeine körperliche Verfassung zu nennen. Kranke oder geschwächte Tiere sind oft nur schwach und vor allem blaß gefärbt. Ein gesundes, kräftiges Tier dagegen wird normalerweise satte und leuchtende Farben zeigen. Bei erregten Tieren werden die Farben oft grell und sind wesentlich kontrastreicher als bei ausgeglichener Stimmung. Sichtkontakt zu Artgenossen, insbesondere von Männchen zu Männchen, führt zum Beispiel fast immer zu besonderer Aufregung unter den Tieren. Steht ein Tier permanent unter Erregung, zeigt es früher oder später am ganzen Körper eine besondere Streßfärbung, im allgemeinen ein auffallend dunkler Farbton, im Extremfall sogar Schwarz. Wird der Streßfaktor dann nicht beseitigt, kann dies zum Tod des Chamäleons führen.

Auch die übrigen Umwelteinflüsse wie Tageszeit, Lichteinfall und Temperatur beeinflussen die Färbung der Chamäleons nachhaltig. So ist die Körperzeichnung im hellen Sonnenlicht viel intensiver als in der Nacht zur Ruhezeit der Chamäleons.

Wodurch kommt nun der Farbwechsel des Chamäleons überhaupt zustande? Lange Zeit war der Mechanismus dieses faszinierenden Vorgangs unbekannt, und manche mehr oder minder fehlerhafte Theorie wurde aufgestellt.

Heute gilt die Erkenntnis als gesichert, daß der Farbwechsel ursächlich auf der Wanderung eines

**Beim Drohen zeigt das Pantherchamäleon seine schönsten Farben.**

dunklen Farbstoffes, dem sogenannten Melanin, aus tieferen Hautschichten in oberflächennahe Schichten beruht. Dieser Farbstoff wandert innerhalb der Pigmentzellen, den sogenannten Melanophoren. Breitet er sich in der gesamten Zelle aus, erscheint die Färbung dunkler, ballt er sich an einem Punkt der Zelle zusammen, entstehen hellere Farbtöne. Auf der nebenstehenden Zeichnung eines Schnittbildes durch die Hautzelle eines Chamäleons ist dieser Vorgang noch einmal erläutert.

Die Grundfärbung eines Chamäleons entsteht durch die in den oberen Hautschichten vorhandenen Pigmentzellen, den Chromatophoren. Sie liegen noch über den Melanophoren und bewirken im wesentlichen Gelb- und Rotfärbungen. Blaue und grüne Pigmente sind bei Reptilien gar nicht vorhanden. Diese Farbtöne entstehen durch eine andere Sorte von Farbzellen, die sogenannten Guanophoren. Sie enthalten einen halbkristallinen Stoff, das Guanin. Dieses Guanin ist eigentlich farblos, wirkt jedoch als Reflektor und verändert damit in ent-

**Darstellung der Farbzellen in der Chamäleonhaut.**

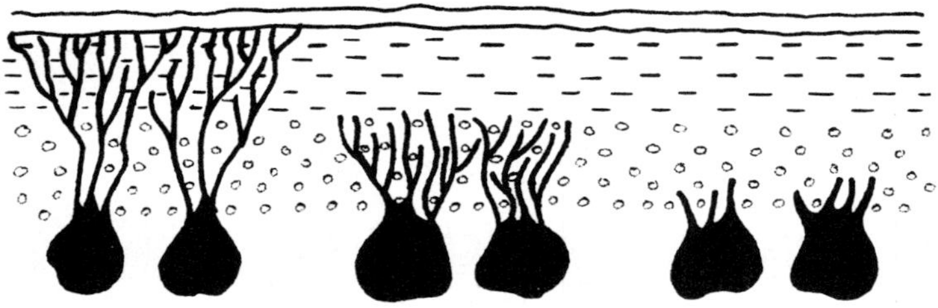

**Schnittbild der Haut eines Chamäleons**

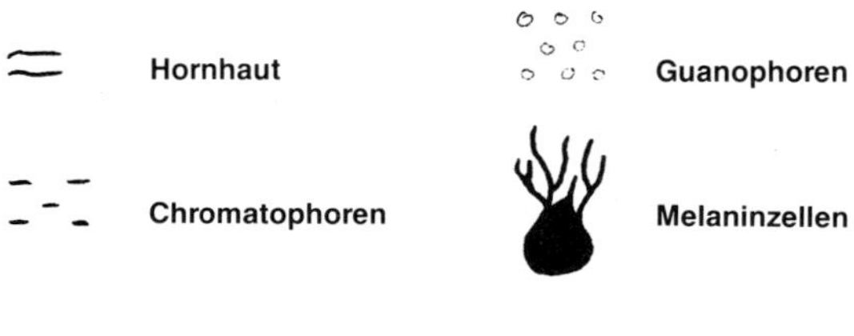

scheidender Weise das einfallende Licht. Durch die Lichtstreuung bestimmter Wellenlängen erzeugt es die Farbe Blau. Liegt über den Guanophoren nun eine Schicht gelber Chromatophoren, so entsteht die bei Reptilien weit verbreitete Farbe Grün. Die Färbung eines Chamäleons beruht also auf einem komplizierten Zusammenspiel der Pigmentzellen mit den melaninhaltigen Zellen, die durch Überdeckung der Chromatophoren die wechselnden Farbtöne hervorrufen.

Die Steuerung des Melanins in den Melanophoren geschieht über das Nervensystem mit Hilfe von Energie. Dies erklärt auch, warum kranke oder schwache Tiere blaß werden. Hier fehlt die Kraft, die zur Verteilung des Melanins innerhalb der Zellen notwendige Energie bereitzustellen.

Versuche haben ergeben, daß Verletzungen am Rückenmark eines Chamäleons dazu führen, daß die Haut hinter der verletzten Stelle dunkel wird und nicht mehr aufhellt.

# Auch Drachen brauchen Nachwuchs

Terrarientiere so zu pflegen, daß sie sich fortpflanzen, ist eine der schwierigsten Aufgaben. Chamäleons galten seit langer Zeit als besonders problematisch. Doch gerade in den letzten Jahren haben sich Erfolge eingestellt. Arten wie das Teppichchamäleon (Furcifer lateralis), das Pantherchamäleon (Furcifer pardalis), das Helmchamäleon (Chamaeleo hoehnelii), das Bunte Zwergchamäleon (Bradypodion pumilum) und das Dreihornchamäleon (Chamaeleo jacksonii) werden heute sehr häufig nachgezüchtet.

An dieser Stelle möchten wir nun einige allgemeine Dinge zur Sprache bringen. Bei Chamäleons unterscheidet man heute 3 Arten der Fortpflanzung:

1. Oviparie („eierlegend")
2. Ovoviparie („lebendgebärend")
3. Parthenogenese (eingeschlechtliche Fortpflanzung, Jungfernzeugung)

Die erstgenannte Weise der Fortpflanzung ist auch die am weitesten verbreitete. Man versteht darunter das Absetzen von befruchteten Eiern in selbstgegrabenen Gängen. Das Weibchen setzt die Eier meistens 3-6 Wochen nach der Kopulation ab. Dazu sucht es einen geeigneten Ablageplatz. Findet es ihn nicht gleich, kann es die Eier noch einige Zeit im Körper zurückhalten. Jedoch ist der Zeitpunkt der Eiablage nicht auf ewig herauszögerbar. Tiere, die keinen guten Platz finden oder geschwächt sind, können an „Legenot" eingehen (s. Krankheiten). Hat unser Chamäleon einen geeigneten Ablageplatz gefunden, gräbt es einen Gang, in dem es verschwindet. Nach der Eiablage wird dieser Gang wieder sorgfältig zugeschüttet. Damit ist die Aufgabe der Chamäleondame beendet. Wie einige andere Reptilien können auch die Weibchen einiger Chamäleonarten Sperma im Körper speichern. Auf diese Weise sind sie in der Lage, ohne Kopulation noch einmal bis mehrmals befruchtete Eier abzusetzen. Der Vorteil dieser Methode bei einzellebenden Tieren wird wohl jedem einleuchten.

Bei einer geglückten Eiablage im Terrarium sollte man die Eier aus dem Boden herausnehmen und in einen Brutapparat legen. Ansonsten besteht die Gefahr, daß die Eier zu Schaden kommen.

Der Aufbau des Chamäleoneies soll hier nur kurz angerissen werden:

Das Ei selbst besteht aus dem Embryo, der von der Amnionhülle umgeben ist, einem großen Dottervorrat mit Dotterhülle, der Allantois zur Speicherung von Stoffwechselendprodukten und dem Chorion direkt unter der porösen, pergamentartigen Schale. Später verbinden sich Chorion und Allantois zur Chorio-Allantois. Diese nimmt Sauerstoff durch die Schale auf und gibt Kohlendioxid ab. Die Entwicklung von der Befruchtung der Eizelle bis zum Schlupf des Jungtieres nennt man Embryonalentwicklung. Während dieser Zeit verbraucht der Embryo den gesamten Dottervorrat. Mit Hilfe des Eizahns auf der Schnauzenspitze öffnet das schlupfreife Jungtier die Schale. Der Eizahn wird später einfach abgeworfen, und nichts deutet dann noch auf dieses eigenartige „Werkzeug" hin.

Bei einigen Arten, wie bei Chamaeleo montium, kündigt sich der Schlupf durch Schrumpfen und „Schwitzen" des Eies an. Normalerweise sollte dann einige Stunden später das kleine Chamäleon seine Schnauzenspitze zum Luftholen aus dem Ei stecken.

Das schwierigste Problem stellt die Wahl der richtigen Inkubationstemperatur dar. Temperaturen zwischen 20° C und 28° C sind nach unseren Kenntnissen als am günstigsten zu betrachten. Jedoch sollte man auch daran denken, daß der Keim eventuell eine Ruhepause braucht. Hier sei auf das Teppichchamäleon (Furcifer lateralis) als Beispiel hingewiesen (s. Artenteil). Das Ge-

schlechtsverhältnis der Nachzuchten hängt von der Zeitigungstemperatur ab.
Die vielleicht faszinierendste Art der Fortpflanzung finden wir bei den „lebendgebärenden" Chamäleons (Ovoviviparie). Die Bezeichnung „lebendgebärend" ist genau genommen falsch, da der Embryo nicht vom mütterlichen Organismus ernährt wird. Eine allerdings kalklose Hülle umgibt den während seiner ganzen Entwicklung im Eileiter befindlichen Keim. Die Eier werden vom Weibchen erst kurz vor dem Schlupf abgesetzt. Danach befreien sich die Jungtiere sehr schnell. Somit gibt es bei den ovoviviparen Arten keine Inkubationszeit, sondern nur eine Tragzeit. Im Schnitt kann man mit 3-6 Monaten rechnen. Auch bei den „lebendgebärenden" Chamäleonarten gibt es eine Spermaspeicherung. ATSATT (1953) konnte dies, erstmals für Chamäleons, bei Bradypodion pumilum nachweisen.
Eine äußerst ungewöhnliche Fortpflanzung, die bei der Familie Chamaeleonidae bis jetzt nur von einer Art bekannt ist, zeigt Rhampholeon boulengerie, das sich durch Parthenogenese fortpflanzt. Die weibliche Form reproduziert sich selbst, ohne daß dazu ein Männchen (Sperma!) notwendig ist. Leider fehlen uns genauere Informationen über diese interessante Art.

# Geschlechtsunterschiede

Das Ziel wohl aller Terrarianer ist die Nachzucht der gepflegten Tiere. Eine wichtige Voraussetzung für die Zucht ist, daß man weiß, was für ein Geschlecht die gepflegten Tiere haben. In der Regel sind die Geschlechter bei den Chamäleons sehr leicht zu unterscheiden. Der Ansatz der Schwanzwurzel ist bei den Männchen deutlich dicker als bei den Weibchen. Die beiden Skizzen verdeutlichen, worauf man achten muß. Skizze a) zeigt den typischen Schwanzansatz von der Seite und Skizze b) zeigt den Schwanzansatz von oben. Bei einigen Erdchamäleons ist das Geschlecht leichter von oben als von der Seite zu erkennen.
Bei den kleinen Arten muß man eine Lupe zur Hilfe nehmen. Weitere Unterscheidungsmerkmale können die unterschiedlich gefärbte Zwischenhaut des Kehlsackes, Körpergröße, Färbung und Kopfschmuck sein. Bei einigen Chamäleonarten besitzen die Männchen auffällige Fersensporne.

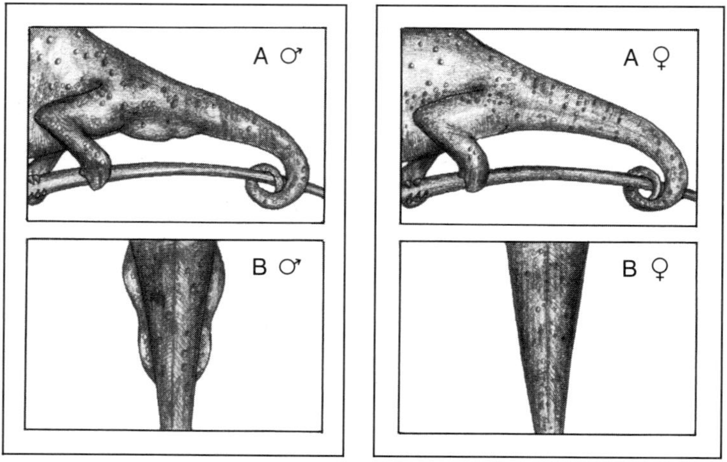


**An der verdickten Schwanzwurzel lassen sich die Männchen erkennen.**

# Die Individualisten – Verhaltensbeobachtungen an Chamäleons

Alle Chamäleons sind tagaktiv. Entsprechend den in ihrem Biotop vorherrschenden Temperaturen liegt die Hauptaktivitätszeit meist in den Morgen- bzw. Abendstunden. In dieser Zeit laufen die Tiere aktiv durchs Terrarium und suchen nach Futter, die übrige Zeit verbringen sie meist im Geäst sitzend und auf Beute wartend („sit und wait").

Die Meinung, daß es sich bei Chamäleons um langsame und träge Tiere handelt, trifft nur auf wenige Arten zu. Besonders das Teppichchamäleon, welches unter anderem die Wiesen im zentralen Hochland von Madagaskar bewohnt, bewegt sich ähnlich schnell wie unsere einheimische Zauneidechse im kniehohen Gras, so daß man sehr viel Mühe hat, die Tiere zu ergreifen. Werden die Chamäleons in der Natur belästigt, so zeigen sie eine ganze Reihe von Verhaltensweisen, die sie in der Gefangenschaft recht schnell verlieren. Während sich die Brookeniinae gegenüber einem Feind hauptsächlich totstellen, verhalten sich die Chamaeleoninae fast immer aktiv. Sie zeigen Verhaltensweisen wie Flucht, Verschwinden hinterm Ast oder Angriff. Die einzelnen Arten sind sehr unterschiedlich aggressiv; darauf wird in den Artenbeschreibungen eingegangen. Allgemein sagen läßt sich jedoch, daß bei allen Arten die Aggressivität gegenüber Artgenossen am stärksten ausgeprägt ist, gefolgt von dem aggressiven Verhalten gegenüber anderen Chamäleonarten. Die Aggressivität gegenüber anderen Tieren ist demgegenüber gering. Entsprechend unterschiedlich sind auch die Individualdistanzen. So lassen sich die echten Chamäleons grundsätzlich nicht zusammen pflegen. Möglich ist aber eine Vergesellschaftung eines echten Chamäleons mit einem Erdchamäleon. Unterschreitet ein anderes Tier die Individualdistanz des Chamäleons, so wird es von den lebhaften Arten sofort angedroht und angegriffen. Das Drohen geschieht durch Aufrichten, Mauldrohen, Querwackeln, Fauchen und dem Zuwenden einer abgeflachten Seite in Richtung des Gegners. Dabei hält sich das Chamäleon mit den Hinterfüßen fest, so daß es mit dem ganzen Körper vorschnellen kann. Flüchtet der Eindringling nicht, schnellt das Chamäleon vor, packt ihn und versucht, ihn durch eine ruckartige Kopfbewegung wegzuschleudern, zu beißen oder mit der Schädelplatte (besonders die Arten mit großem Kopfschmuck) wegzudrücken.

Entdeckt ein Chamäleon-Männchen ein anderes Chamäleon, so fängt es an zu nicken. Dabei ist nicht erkennbar, ob es sich um Drohen oder Balzen handelt. Ist das andere Chamäleon auch ein Männchen, so imponiert es durch Mauldrohen, Fauchen, sich Aufrichten und durch Aufhellen der Färbung. Erwidert das andere Männchen das Imponieren, so kann es zum Kommentkampf kommen. Bei einigen Arten wie Furcifer pardalis dauert das Imponieren nur kurze Zeit, und die Tiere gehen sofort aufeinander los. Das unterlegene Männchen färbt sich dunkel und sucht, verfolgt von dem anderen, das Weite. Meist kommt es aber gar nicht zum Kampf, da das kleinere Tier sofort flieht. Diese Aggressivität der Männchen untereinander führt in Gefangenschaft bei einer Zwangsvergesellschaftung oft zum Tode des unterlegenen Tieres, entweder durch die direkten Angriffe des dominanten Männchens oder aber, weil das unterlegene Männchen in eine Art Demutshaltung fällt, kaum noch frißt und kurzfristig an Streß stirbt. Chamäleons

**Zwei Dreihorn-Drachen beim Kommentkampf. Der Gegner soll aus dem eigenen Revier ve**

rieben werden. In der Regel verlaufen die Kämpfe unblutig.

sind Individualisten, die - von der Paarung abgesehen - als Einzeltier gepflegt werden müssen.
Begegnet dem Männchen ein Weibchen, so erkennt das Männchen das Weibchen am Unterlassen des Imponierverhaltens. Es unterläßt jetzt das Drohen und fängt stattdessen sofort mit dem Balzen an. Ist das Weibchen nicht paarungsbereit, verhält es sich abwehrend, auf größerer Distanz durch Kopfnicken oder durch Kopfschütteln und läuft davon. Ist die Distanz gering, droht es durch Mauldrohen, Abplatten des Körpers, Fauchen, Querwackeln und mit in Richtung des Männchens vorschnellenden Bewegungen, meist im Zusammenhang mit einer Warnfärbung. Nähert sich das Männchen trotzdem, wird es vom Weibchen gebissen. Es scheint, als haben bei einigen Chamäleonarten die Männchen eine Art Beißhemmung. Sie versuchen die Weibchen nur mit heftigen Nickbewegungen abzuwehren. Ist das Weibchen jedoch paarungsbereit, so reagiert es meist gar nicht auf das Männchen, sondern entfernt sich nur langsam. Das Männchen hellt seine Grundfärbung auf und läuft dem Weibchen kopfnickend mit ruckenden Bewegungen nach. Hat das Männchen das Weibchen eingeholt, verhält sich dieses ruhig, so daß das Männchen aufsteigen kann. Bei Berührung durch das Männchen klammert sich das Weibchen am Untergrund gut fest und hebt den Schwanz ein Stück an, so daß das Männchen seine Schwanzwurzel unter die des Weibchens führen kann. Erst dann öffnet das Weibchen seine Kloake, so daß es zur Paarung kommen kann. Die Kopulationsdauer ist recht unterschiedlich bei den Chamäleonarten. Nach der Paarung bleiben die Tiere meist noch ruhig beieinander sitzen und gehen dann getrennte Wege.
Etwas anders sieht es bei den Erdchamäleons aus. Dank ihrer guten Tarnung und ihrer zurückgezogenen Lebensweise gibt es nur Ansätze von Beobachtungen, die wir in unseren Terrarien machen konnten. Die Männchen der Erdchamäleons fangen meist beim Anblick eines Weibchens an zu balzen. Ist das Weibchen nicht paarungsbereit, so zeigt es das durch Kopfwackeln bzw. Kopfschütteln. Die Männchen lassen dann sofort vom Weibchen ab. Ist das Weibchen jedoch paarungsbereit, so reagiert es auf das Männchen gar nicht. Man sieht die Tiere den ganzen Tag beieinander sitzen, immer von Balzeinlagen des Männchens begleitet. Die Balz gleicht der Balz anderer Chamäleons, sie verläuft unter Kopfnicken und ruckenden Bewegungen. Erst gegen Abend, meist bevor die Beleuchtung ausgeschaltet wird, besteigt das Männ-

chen das Weibchen, und es kommt zur Paarung. Brookesia minima weist ein ganz besonderes Verhalten auf. Ist das Weibchen paarungsbereit, steigt das Männchen auf das Weibchen, ähnlich wie bei den Fröschen und Kröten, und läßt sich den ganzen Tag, manchmal auch mehrere Tage, vom Weibchen durch das Terrarium tragen. Zur Paarung kommt es ebenfalls in den Abendstunden. Diese kurze Beschreibung zeigt deutlich, daß es sich bei den Brookesiinae um interessante Studienobjekte handelt. Detaillierte und weitergehende Beschreibungen des Verhaltens der Chamäleons finden sich u. a. bei SCHUSTER (1979) und KÄSTLE (1967).

Mit einer weiteren Verhaltensweise warten die Erdchamäleons auf. Es handelt sich um ein hochfrequentes, vibrationsartiges Körperzittern, das man bemerkt, sobald man die Tiere in der Hand hält. Welche Aufgabe dieses Verhalten hat, ist nicht geklärt. Wahrscheinlich dient es zur Abwehr von möglichen Freßfeinden, wie zum Beispiel Ameisen. Es könnte aber auch der Kommunikation dienen, möglicherweise finden sich die Geschlechter aufgrund dieses eigenartigen Zitterns. Dieses Verhalten wird auch im Zustand der Akinese ausgeführt (SCHMIDT, HENKEL und BÖHME, 1989).

Die Jungtiere einiger Arten zeichnet ein besonderes Verhalten aus, das KÄSTLE (1967) für Neugeborene von Bradypodion pumilum, Chamaeleo hoehnelii und Chamaeleo elliotti beschreibt. Die Jungtiere dieser Arten laufen im Gegensatz zu den Alttieren stundenlang mit kurzen Unterbrechungen umher („Dauermärsche"), um sich so auf eine möglichst große Fläche zu verteilen. Dieses Verhalten kann man bei frisch geschlüpften Jungtieren der Gattung Furcifer nicht beobachten. Es scheint, daß sich die Jungtiere dieser Arten nur gerade so weit voneinander entfernen, daß sie sich nicht mehr sehen. Das müssen sie aber können, denn sie sind überaus unverträglich. Dies zeigt sich schon beim Schlupf. In einem hell aufgestellten Inkubator schlüpfte das nächste Teppichchamäleonbaby erst, als die bereits geschlüpften Jungtiere entfernt wurden. Diese beiden saßen in den gegenüberliegenden Ecken des Inkubators, also so weit wie möglich auseinander.

Zusammenfassend läßt sich sagen, daß alle Chamäleons sehr aggressive (besonders innerartlich) und streßempfindliche Tiere sind. Von Natur aus Einzelgänger, würden nur die wenigsten eine Zwangsvergesellschaftung außerhalb der Paarungszeit überleben. Diese spezielle Eigenheit der Chamäleons müssen wir bei der Haltung im Terrarium unbedingt berücksichtigen!

# Chamäleons stehen unter Artenschutz

Auch die Chamäleons unterliegen den verschiedenen Artenschutzgesetzen. Deshalb ist es für jeden Chamäleonliebhaber unumgänglich, sich diese Vorschriften zu besorgen. Dies sind:

1. Erstes Gesetz zur Änderung des Bundesartenschutzgesetzes vom 10. 12. 86, Bundesgesetzblatt 1986, Teil I, Nr. 66, 2349-2360.
2. Die Verordnung zum Schutz wildlebender Tier- und Pflanzenarten vom 19. 12. 1986, Bundesgesetzblatt 1986, Teil I, Nr. 7, 2702-2762.
3. Verordnung (EWG) Nr. 36 26/82 des Rates zur Anwendung des Übereinkommens über den internationalen Handel mit gefährdeten Arten freilebender Tiere und Pflanzen in der Gemeinschaft. Amtsblatt der Europäischen Gemeinschaft Nr. L 384 mit den jeweils gültigen Anhängen.

Beziehen kann man diese Rechtsvorschriften beim Bundesanzeiger-Verlag GmbH, Postfach 1320 in 5300 Bonn 1.

Man könnte jetzt ein ganzes Buch über Sinn und Unsinn der Bestimmungen schreiben. Wir wollen nur erwähnen, daß die Chamäleons nach unseren Beobachtungen nicht selten sind, sondern dank ihrer perfekten Tarnung nur sehr schwer zu entdecken sind. Als bedroht ansehen muß man das Chamaeleo chamaeleon in Europa, da hier sein natürlicher Lebensraum weitgehend vernichtet worden ist. Dasselbe gilt auch für einige der hochspezialisierten Urwaldbewohner. Andere Arten, vorwiegend solche, die geschlossene Waldgebiete meiden, entwickeln sich zu Kulturfolgern.

Ab dem 1. 1. 84 ist die CITES-Bescheinigung (vergleichbar mit einem Personalausweis für Tiere) Formvorschrift für die Weitergabe von Chamäleons. Jeder ernsthafte Terrarianer sollte sich deshalb nur Tiere mit den erforderlichen Papieren anschaffen. Mit der CITES-Bescheinigung muß man die Chamäleons bei der zuständigen Behörde, je nach Bundesland verschieden, anmelden. Nachzuchten und Tod der Tiere sind der zuständigen Behörde innerhalb von 4 Wochen anzuzeigen. Alle weiteren Dinge, wie Anmelden der Tiere, Einfuhr und Ausfuhr sind in den genannten Gesetzen geregelt. Als einschlägige Literatur seien hier noch der Ratgeber vom BNA (1987) und ein Artikel von R. PODLOUCKY (1987) empfohlen.

# Unterbringung und Pflege

Wenn man sich die Statistik des Bundesamtes über den Import von Chamäleons bis 1986 anschaut (veröffentlicht im DGHT-Rundbrief Nr. 95, November 1987), könnte man meinen, daß Chamäleons in unseren Terrarien überaus häufig seien. Dem ist aber leider nicht so. Denn was in der Statistik nicht steht, ist, daß die Chamäleons fast alle von Händlern importiert worden sind. Wer um die Schwierigkeiten bei der Haltung von Chamäleons weiß, kann sich vorstellen, wieviele von den importierten Tieren lebend bei den Händlern ankamen. Fast alle Chamäleons leben mit Parasiten, die sich in den vom Transport geschwächten Tieren stark vermehren und eine zusätzliche Todesursache sein können. Der Terrarianer, der dann das in erbärmlichem Zustand befindliche Chamäleon kauft, hat kaum noch eine Chance, es länger als 1-2 Monate am Leben zu halten. So entstand das Märchen von der Unhaltbarkeit der Chamäleons. Wir wollen im folgenden auf wichtige Gesichtspunkte ihrer Haltung eingehen.

**Auch das große Chamaeleo melleri läßt sich im Terrarium gut pflegen.**

Leider stehen uns für die Haltung und Zucht keine Universal-Terrarien zur Verfügung. Vielmehr muß jedes Terrarium nach den spezifischen Ansprüchen des Pfleglings gebaut, eingerichtet und aufgestellt werden.
Der ideale Standort eines Terrariums für die meisten Chamäleonarten sollte eine direkte Sonneneinstrahlung nur in den frühen Morgen- oder späten Abendstunden ermöglichen. Den Chamäleons droht sonst leicht der Tod durch Überhitzung. Bei den Erdchamäleons und den Urwaldbewohnern muß das Terrarium sogar so aufgestellt werden, daß es von der Sonne nie erreicht werden kann. Südzimmer sind nur bedingt zur Unterbringung von Hochlandformen geeignet, da die Temperaturen dort im Sommer zu hoch ansteigen können. Ihr Terrarium steht im Sommer am besten im Freien.
Am gebräuchlichsten und am leichtesten zu handhaben sind mit Silikon geklebte Glasterrarien. Der Bau wurde schon sehr oft und ausführlich in der Literatur beschrieben, so daß wir hier nur auf einige zu berücksichtigende Einzelheiten eingehen. Adressen, wo man sich geeignete Terrarien anfertigen lassen kann, sind im Anhang aufgeführt.
Für alle Chamäleons gilt, daß sie Terrarien mit einer großen Tiefe lieber bewohnen als schmale Terrarien. Das Rückzugsgebiet nach hinten trägt maßgeblich zum Wohlbefinden der Pfleglinge bei. Die benötigte Größe des Terrariums ist abhängig von der Größe und dem Temperament des Tieres (genauere Angaben s. Artenbeschreibungen). Für baum- und buschbewohnende Chamäleons eignen sich Terrarien, die höher als lang oder tief sind. Für Bodenbewohner eignen sich Terrarien, die länger und tiefer als hoch sind. Die meisten der im Handel üblichen Terrarien eignen sich nur für bodenbewohnende Chamäleons.
Wichtig bei der Auswahl des Terrariums sind die Lüftungsflächen. Mit ihrer Hilfe steuert man die relative Luftfeuchtigkeit, besonders bei kleinen Becken auch die Temperatur, und das „Frischluftbedürfnis" der Chamäleons. Die häufig geäußerte Meinung, daß Chamäleons ein besonders großes „Frischluftbedürfnis" haben, trifft nur auf einige Arten zu. Vielmehr wurde häufig versucht, Krankheiten und Haltungsfehler wie Streß oder zu hohe Temperaturen so zu erklären. Für alle Chamäleons ist unumgänglich, daß im Deckel und an den Seiten oder in der Front ein Lüftungsgitter vorhanden ist, damit keine Stickluft entsteht. Vergrößert man die Lüftungsfläche, so sinkt die relative Luftfeuchtigkeit. Verkleinert man die Lüftungsfläche, so steigt sie. Urwaldbewohner, wie die meisten

Erdchamäleons, brauchen für ihr Wohlbefinden eine relative Luftfeuchtigkeit von nachts 100% und tagsüber 70-100%. Dies erreicht man nur in Terrarien mit kleinen Lüftungsflächen und durch häufiges Sprühen. Für einige afrikanische Hochlandbewohner eignen sich sehr gut Terrarien, die aus einem Holz- oder Aluminiumgestell gebaut sind und an allen Seiten mit Gaze bespannt sind. Hier muß man allerdings zwischen die Terrarien Tücher hängen, damit kein Sichtkontakt zu den Nachbarbecken besteht.

Unsere „Normalterrarien" sind aus Glas. Die Seiten und die Rückenwand sind mit dünnen Korkplatten beklebt, und auch der Boden kann mit Kork ausgelegt sein. Ansonsten dienen als Bodengrund alle auch sonst üblichen Materialien. Bei einigen Arten hat es sich als vorteilhaft erwiesen, an einer Seite oder an der Rückenwand einen kleinen, flachen, rauhen Stein zu kleben, an dem die Chamäleons ihre lose Haut abscheuern können. Die Einrichtung besteht aus zahlreichen Kletterästen, durch die der Innenraum geschickt unterteilt wird und die Tiere ihren Bewegungsdrang befriedigen können. Eine Stelle wird etwas dichter bepflanzt, als Rückzugsgebiet für die Chamäleons. Ansonsten runden einige Rankenpflanzen die Dekoration ab. Will man Terrarien an sich einander gegenüberliegenden Wänden aufstellen, so muß man auch hier darauf achten, daß kein Sichtkontakt besteht. Notfalls kann man einen Vorhang zwischen die Terrarien ziehen.

Nun zu den für bestimmte Chamäleongruppen zu berücksichtigenden Besonderheiten. Als erstes erwähnt werden müssen die Weibchen der eierlegenden Arten. Damit sie ungestört ihre Eier vergraben können, benötigen sie je nach Größe eine unterschiedlich hohe Bodenschicht. Bewährt hat sich eine untere Schicht aus Lekaton oder Styroporschnipseln zur Drainage und darauf eine 10-30 cm hohe, leicht feuchte Sand-Torf-Gemischschicht. Ohne zusagende Möglichkeit, die Eier abzulegen, behält sie das Weibchen und stirbt schließlich an den sich zersetzenden Eiern. Bei einigen Arten vergraben die Weibchen die Eier überhaupt nicht, oder es reicht ihnen ein Blumentopf. Doch diese Arten sind in der Minderheit.

Bei den Erdchamäleons verzichtet man am besten auf den Bodengrund und beklebt stattdessen den Boden mit Kork. Darauf wird eine aus Korkschnipseln bestehende Schicht gelegt, durch die die Tiere gerne laufen und in die die Weibchen ihre Eier ablegen. Diese Schicht soll die Laubschicht ersetzen. Natürlich vergraben auch die Erdchamäleon-Weibchen ihre Eier im Boden, wenn Bodengrund vorhanden ist. Nur ist es sehr schwierig, die Eier dort zu finden, deshalb sollte man darauf verzichten.

Zur Aufzucht der kleinen Chamäleons eignen sich eine ganze Reihe von kleinen Behältern und Terrarien. Besonders häufig werden umgebaute Vorratsdosen verwendet, weil man sie gut bei unregelmäßigem Bedarf einsetzen kann. Hierzu eignen sich klarsichtige, viereckige Plastikdosen ab einer Größe von L12 x T12 x H18 cm. Der Deckel wird ganz ausgeschnitten und mit feinmaschigem Draht beklebt. Zusätzlich kann man noch in eine Seite ein Loch schneiden

**Die im Text beschriebene Kinderstube für Chamäleonbabys mit einem frischgeschlüpften Chamaeleo montium.**

und dieses mit Gaze abdichten. Eine andere Seite wird mit einer dünnen Korkplatte beklebt, so daß man die Dosen nebeneinander aufstellen kann, ohne daß Sichtkontakt zur Nachbardose besteht. Die Einrichtung besteht aus kleinen Ästen und einer Rankenpflanze wie Ficus pumila. Auf die Dosen kann man jetzt eine Leuchtstoffröhre legen, und schon ist die Aufzuchtstation „für alle Fälle” fertig. Sollten die Temperaturen in den Dosen nicht ausreichen, kann man die Dosen gut mit einem Heizkabel von unten erwärmen. Aber Vorsicht, die kleinen Chamäleons sterben schnell an Überhitzung! Damit das Ganze nicht wie eine lose Dosensammlung aussieht, kann man die Dosen in einem aus Holz gebauten, kleinen Schrank unterbringen, was bei einigem Geschick recht hübsch aussieht. Wer regelmäßig und in größeren Mengen kleine Chamäleons hat, für den lohnt sich der Bau einer fest installierten Aufzuchtanlage. Unsere Aufzuchtanlagen bestehen aus langgestreckten Terrarien, die unterteilt sind in kleine Aufzuchtbecken. Als erste Größe reichen Kleinstterrarien der Größe L10 x T10 x H30 cm, die dann langsam mit der Größe der kleinen Chamäleons bis auf L20 x T20 x H 50 cm anwachsen. Besonders bewährt hat sich die Größe L10 x T15 x H50 cm. Wegen der großen Gefahr der Überhitzung

**Ein junges Dreihornchamäleon erobert die Welt.**

sollten der gesamte Deckel und ein breiter Streifen vorne als Lüftung dienen. Als Beleuchtung verwenden wir in der Zeit nach dem Schlupf ausschließlich Leuchtstoffröhren, erst später werden kleine Spotstrahler zusätzlich eingesetzt. Frau FRIEDERICH bietet ihren Nachzuchten sofort die milde Strahlungswärme einer 25-W-Lampe. Die Ausstattung und die Einrichtung gleichen derjenigen in den großen Terrarien.

Alle neu erworbenen Tiere sind zunächst mit großer Vorsicht zu behandeln. Bei Chamäleons ist eine längere Quarantäne in speziellen Becken unumgänglich. Als Quarantänebecken eignen sich alle üblichen Terrarien, besonders die im Handel üblichen Plastikbecken. Die Ausstattung sollte denkbar einfach sein. Bodengrund aus Zeitungspapier, eine eingetopfte Pflanze und einige Äste (bei nachgewiesenem Parasitenbefall ist alles nach Abschluß der Behandlung wegzuwerfen). Auf eine Pflanze sollte man nicht verzichten, da die geschwächten Tiere ohne Versteckmöglichkeit einem dauernden Streß ausgesetzt wären und dieser die Chamäleons weiter schwächen würde. Während der Eingewöhnungsphase sollte man überprüfen, ob die Tiere einwandfrei fressen und trinken und ob Verletzungen vorliegen. Empfehlenswert ist es, einige Kotuntersuchungen durchführen zu lassen (s. Krankheiten). Besonders erwähnen möchten wir noch, daß sich einige Chamäleonarten für die freie Haltung im Zimmer, im Wintergarten oder im Gewächshaus eignen. Die Chamäleons bewohnen gerne eine gut bepflanzte Fensterbank. Dabei müssen einige Punkte beachtet werden. So müssen Spotstrahler installiert sein, an denen sich die Tiere jederzeit aufwärmen können. Eine Futterdose stellt man an einen Platz, den die Chamäleons gut erreichen und einsehen können. Da die relative Luftfeuchtigkeit im Zimmer niedriger ist als im Terrarium, müssen die Tiere auch häufig getränkt werden. Der Wasserbedarf wird ausreichend gedeckt, wenn die Pflanzen jeden Tag etwas angesprüht werden und das Tier jeden zweiten Tag getränkt wird. Unerläßlich bei freier Haltung ist es, sich anzugewöhnen, das Zimmer vorsichtig zu betreten und zunächst auf den Boden zu sehen. Viele Chamäleons scheuen sich nicht, auf dem Fußboden umherzulaufen. Allzuleicht tritt man auf ein Tier oder quetscht es mit der Tür, wenn sie sich nach innen öffnen läßt. Hier erlaubt ein Spiegel am Boden neben der Tür eine Kontrolle, wenn die Tür erst handbreit geöffnet ist.

Ein Problem stellen die trächtigen Weibchen der eierlegenden Arten dar. Bereits einige Tage vor der Eiablage fangen sie mit dem Suchen nach einem geeigneten Eiablageplatz an. Wie eine Fensterbank nach zahlreichen Probebohrungen eines Furcifer pardalis-Weibchens aussieht, brauchen wir wohl nicht zu beschreiben. Es empfiehlt sich, die Weibchen direkt nach der Paarung in ein geeignetes Terrarium zu setzen und sie dort bis zur Eiablage zu pflegen.

Für eine Haltung in Wintergärten und Gewächshäusern eignen sich besonders Arten, die aus extrem heißen Gegenden kommen. Denn alle Glashäuser heizen sich in der

Sonne besonders stark auf und kühlen nachts stark ab. Hier muß man für die dort gepflegten Chamäleons besondere Mikroklimate (kühle, feuchte Ecken) schaffen, in die sich die Tiere bei zu großer Hitze zurückziehen können. Die Wintergärten bzw. Gewächshäuser müssen außerdem so beheizt sein, daß die Temperaturen nachts nicht unter 10° C sinken. Ein Nachteil dieser Haltungsart ist, daß man die Gelege nur mit großen Schwierigkeiten findet, da die Chamäleon-Weibchen die Ablagestelle meist sehr gut tarnen. Hier empfiehlt sich ebenfalls, die trächtigen Weibchen in besondere Terrarien zu setzen. Von Vorteil ist es, daß man bei dieser Haltungsart mehrere Tiere zusammenhalten kann, ohne daß die Chamäleons sich laufend sehen. Dies ist ein großer Vorteil während der Paarungszeit, denn dann können sich die Tiere paaren, wann sie wollen, was sich deutlich auf die Anzahl der befruchteten Eier auswirkt.

Nachdem wir so oft vor der Gefahr der Überhitzung gewarnt haben, müssen wir auch etwas zum Gegenteil sagen. Niedrige Temperaturen werden im allgemeinen besser vertragen als zu hohe. Aber auch hier ist Vorsicht geboten. So verträgt z. B. Furcifer pardalis keine Temperaturen unter 12° C. Es ist nicht unbedingt ratsam, alle Temperaturen, wie sie in der Nacht vorherrschen, nachzuahmen. Vielmehr scheint ein gesundes Mittelmaß der richtige Weg für eine erfolgreiche Haltung zu sein. Tagsüber sollten die Temperaturen immer im Bereich der Aktivitätstemperatur liegen. Zusätzlich muß aber immer eine Wärmequelle in Form eines Spot- oder Halogenstrahlers vorhanden sein, unter der sich die Chamäleons bis auf ihre Vorzugstemperatur erwärmen können. Zum Wohlbefinden ist eine nächtliche Absenkung unbedingt erforderlich! Sie wird in Terrarien bereits durch das Abschalten der Beleuchtung und der Heizung erreicht. Da die Tagestemperaturen im Durchschnitt bei 25° C und die Nachttemperaturen (im Zimmer) im Durchschnitt bei 16-18° C liegen, hat man eine Nachtabsenkung um 7-9° C, das reicht meist völllig aus. Die Nachtabsenkung scheint für einen erholsamen Schlaf wichtig zu sein, wahrscheinlich wird dies durch die Herabsetzung des Stoffwechsels bewirkt. Bietet man Tieren einer Chamäleonart, die in der Natur eine sehr starke Abkühlung während der Nacht erleben, keine kühlen Nächte, so lassen die Tiere stark in der Vitalität nach und leben erheblich kürzer.

Zum Beheizen der Terrarien hat man eine ganze Reihe von Möglichkeiten. Kleine Terrarien beheizt man am einfachsten mit einem Heizkabel und große Becken mit den Vorschaltgeräten der Beleuchtungskörper oder Spot- bzw. Halogenstrahlern. Bei den normalen, verspiegelten Spotstrahlern wählt man am besten welche mit einer Leistung zwischen 15 und 40 Watt und bei den Halogenstrahlern welche mit 20 Watt. Die Strahler sollten so installiert sein, daß die Chamäleons beim „Sonnen" den Strahler nicht berühren. Leichte Verbrennungen am Schuppenkleid sind schon vorgekommen. Deshalb muß man bei der Dekoration aufpassen, daß zwischen Tier und Lampe immer 4 cm Abstand sind. Das erreicht man, indem man die Äste nicht bis an die Lampe heranreichen läßt. Terrarien, die mit HQL-Lampen oder ähnlichen beleuchtet werden, benötigen meist keine zusätzliche Heizung, da die Lampen sehr viel Wärme abstrahlen. Häufig wird die Befürchtung geäußert, daß die Chamäleons mit ihrer Zunge gegen die Lampe schießen könnten und sich auf diese Weise die Zunge verletzen. Wir verwenden seit vielen Jahren Strahler und Lampen in unseren Terrarien, ohne daß wir jemals einen Schuß gegen eine Lampe bemerken konnten.

**Bei Calumna parsonii handelt es sich um sehr ruhige Chamäleons. Nur für die Nahrungsaufnahme und die Paarung werden die Tiere aktiver.**

# Künstliche Sonne?

Wenn man bedenkt, daß der Sonnenschein in den Tropen eine Beleuchtungsstärke von 100 000 Lux hat, selbst im Schatten eines Baumes sind es noch 10 000 Lux, dann ist jedem klar, wie schwer es ist, die natürlichen Gegebenheiten seines Pfleglings auch nur annähernd zu erreichen. Die meisten Chamäleons sind „Sonnenanbeter". Die Beleuchtungsstärke spielt deshalb eine wichtige Rolle für ihr Jagdverhalten und trägt außerdem zur erhöhten Vitalität der Tiere bei. SCHUSTER (1979) wies für das Dreihornchamäleon (Chamaeleo jacksoni) nach, daß eine Beleuchtungsstärke von mindestens 100 Lux für das erfolgreiche Fangen von Futtertieren erforderlich ist. Um sich die Beleuchtungsstärke besser vorstellen zu können, ein Beispiel: Eine Glühlampe mit 40 Watt erzeugt in 1 m Entfernung gerade noch 35 Lux. Weiter kann man leicht beobachten, daß die Chamäleons ihr ganzes Verhaltensrepertoire erst ab einer gewissen Beleuchtungsstärke zeigen. Am leichtesten haben es noch die Terrarianer, die ihre Chamäleons in Gewächshäusern oder Wintergärten pflegen können, denn selbst auf einer Fensterbank hat man nur noch eine Beleuchtungsstärke von 2000 Lux.

Zur Beleuchtung der Terrarien eignen sich nur hochwertige Leuchtstoffröhren, zum Beispiel die Serie „lumilux„ von Osram sowie Metalldampfentladungslampen und Halogenlampen. Für kleine Aufzuchtbecken reicht eine Leuchtstoffröhre, für Terrarien mit einer Höhe von 50 cm benötigt man schon mindestens zwei Leuchtstoffröhren und für höhere entsprechend mehr. STETTLER (1973) gibt an, daß man für ein Terrarium der Größe L70 x T40 x H75 cm bereits 4-6 Leuchtstoffröhren braucht. Sind die Terrarien noch höher, kann man nur noch Metalldampfentladungslampen verwenden. Bewährt haben sich die HQL-Lampen. Wenn sie an der Innenseite des Terrariendeckels installiert sind, verliert man kein Licht und hat gleichzeitig eine gute Heizquelle für das Terrarium. Die neuen Joddampfentladungslampen (HQI) haben eine wesentlich höhere Lichtausbeute als die HQL-Lampen. Gerade für Sonnenanbeter scheint diese Art von Lampen wie geschaffen zu sein. Es gibt sie bereits in Größen ab 35 Watt, leider sind sie in der Anschaffung sehr teuer. Das wird aber durch die lange Betriebslaufzeit und den geringen Stromverbrauch ausgeglichen. Bei Lampen sollte man nur die Lichtfarbe „tageslicht" verwenden, da sie vom Farbspektrum her dem Sonnenlicht am ähnlichsten sind und für unsere Augen das angenehmste Licht haben. Bei den Leuchtstoffröhren hat sich eine Kombination von den Lichtfarben „tageslicht" und „warmton" als am schönsten herausgestellt. Wichtig ist auch der Einsatz hochwertiger Reflektoren (im Aquarienhandel erhältlich). Mit ihnen läßt sich die Lichtausbeute leicht um 40% steigern. Die seit einiger Zeit angebotenen Halogenstrahler sind ideal als punktförmige Lichtquelle zur Ergänzung der Leuchtstoffröhrenbeleuchtung. Leider muß man sie mit Niedervolt (Transformator) betreiben, so daß sich eine Anschaffung erst bei mehreren Terrarien lohnt.

Die Beleuchtungsdauer sollte entweder den natürlichen Verhältnissen nachempfunden sein oder aber konstant 12-14 Stunden täglich betragen (außer bei Chamaeleo chamaeleon, s. Artenbeschreibungen). Gute Erfahrungen haben wir damit gemacht, daß wir die Tiere im Sommer im Garten gehalten haben. Man sieht förmlich, wie die Tiere in der Sonne aufleben, die Farben leuchtender werden und die Aktivität zunimmt. Geeignete Terrarien für einen Freiluftaufenthalt sind Drahtterrarien, die an einem windgeschützten, halbschattigen Platz aufgestellt werden (Überhitzungsgefahr beachten und an Nachbars Katze denken). Man sollte die Chamäleons nicht frei im Garten umherlaufen lassen, denn es reichen wenige Minuten, und man findet die Tiere nicht wieder!

Häufig wird der Einsatz von UV-Lampen empfohlen. Einige halten ihn für lebensnotwendig, andere schreiben ihm zumindest vitalitätsfördernde Wirkung zu. Wir züchten Chamäleons über einige Generationen ohne den Einsatz von irgendwelchen UV-Lampen und ohne dadurch nachteilige Wirkungen auf unsere Pfleglinge zu bemerken. Bei reichlicher Vitamin-D-3-Gabe kann man nach unserer Meinung getrost auf UV-Strahler verzichten. Die stark verhornte Epidermis der Chamäleons läßt sowieso nur weniger als 1% der UV-Strahlen durch. Abschließend muß noch einmal gesagt werden, daß viele Chamäleonarten unterschiedliche Anforderungen an die Beleuchtung stellen. Hierauf wird in der Artenbeschreibung eingegangen.

**Chamäleon beim Beuteschuß.**

# Technische Hilfsmittel

Zeitschaltuhren stellen heute ein Muß bei jeder Terrarienhaltung dar. Denn wer hat schon die Zeit, jeden Tag zur gleichen Zeit das Licht oder die Heizung an- und auszuschalten? Mit ihrer Hilfe erhält man eine Art Regelmäßigkeit, die dem Wohlbefinden der Chamäleons förderlich ist. Man kann durch Ausprobieren genau herausbekommen, wann und für wie lange zum Beispiel die Heizung eingeschaltet bleiben muß, damit die Temperaturen nicht zu stark absinken bwz. hoch genug ansteigen. Will man dieses von Hand machen, so stellt ein Terrarium bereits eine tagfüllende Aufgabe dar.
In der letzten Zeit halten Sprühanlagen immer häufiger Einzug in die Terrarien. Mit ihnen kann man die täglich anfallende Arbeit auf ein Minimun reduzieren. Zu den dann noch anfallenden manuellen Tätigkeiten gehört das Füttern und das zusätzliche Tränken großer Tiere. So bleibt viel Zeit, die Tiere zu beobachten und zu studieren. Gleichzeitig verschafft eine Sprühanlage ihrem Besitzer auch mehr Freizeit, denn er muß nicht mehr jeden Tag anwesend sein und kann beruhigt mal ein Wochenende wegfahren.
Wir wollen im folgenden die gebräuchlichste Sprühanlage nach Karl Steffen kurz beschreiben. Die Sprühanlage wird mit dem normalen Wasserleitungsdruck betrieben. Dadurch fällt die Anschaffung von aufwendigen Pumpen und Tanks weg. An der Wasserleitung wird ein im Elektrofachhandel käufliches Magnetventil angeschlossen. In den Terrarien sind Düsen der Firma Gloria installiert (erhältlich als Ersatzdüse für Gloria-Gartenspritzen), die über ein Schlauchsystem mit dem Magnetventil verbunden sind. Seit einiger Zeit sind digitale Zeitschaltuhren auf dem Markt, deren kürzeste Zeitschaltung 1 Minute beträgt. Damit kann man jetzt minutenweise die Terrarien besprühen. Nachteile durch schlechtes oder zu kaltes Wasser sind bis heute nicht aufgetreten. Bei einigen Zeitschaltuhren kann man zusätzlich noch die Tage programmieren, so daß die Sprühanlage nicht jeden Tag sprüht und man von Hand an bestimmten Tagen vitaminisiertes Wasser sprühen kann. Alle Terrarien, die an eine Sprühanlage angeschlossen sind, müssen mit Abflüssen ausgestattet werden, die das Wasser in ein Abflußrohr leiten.
Weiterhin ratsam sind Thermostate, die bei Erreichen einer bestimmten Temperatur die Beleuchtung ausschalten und einen Ventilator einschalten.

# Die Ernährung

Die Ernährung der Chamäleons stellt heute kein Problem mehr dar. In vielen Zoogeschäften und im Versandhandel kann man eine ganze Reihe unterschiedlicher Futterinsekten kaufen. Insekten aus der freien Natur sollte man wegen der Gefahr von möglichen Insektizidbelastungen, aber auch aus Naturschutzgründen, nicht verfüttern. Am billigsten und am besten ist die eigene Futterzucht. Denn dann weiß man, wie gut und hochwertig die Futterinsekten sind. Bei dem im Vergleich mit der Natur doch recht geringen Angebot an unterschiedlichen Futtertieren muß man unbedingt auf deren abwechslungsreiche und vielseitige Fütterung achten. Nur so kann man die Chamäleons ausgewogen ernähren. Über das Anlegen von Futterzuchten gibt es zahlreiche Bücher, von denen wir besonders das Buch FRIEDERICH/ VOLLAND (1981) empfehlen möchten. Ein Buch, das noch auf dem Markt fehlt, wäre „Rationelle Futterzuchten", denn die meisten Beschreibungen in der bisherigen Literatur sind viel zu umständlich. Ein billiges Futtertier, als Abwechslung zu den Hauptfuttersorten Grillen, Heuschrecken und

**Eine üppige Mahlzeit stellt die erbeutete Wanderheuschrecke dar.**

**Zu den großen Arten zählt Calumna oustaleti, das auch kleinere Echsen als Appetithappen betrachtet.**

Schaben sind Fliegen. Am einfachsten kommt man zu Fliegen, wenn man in einem Anglerfachgeschäft ein Päckchen Pinki-Maden kauft, sie warm stellt, damit sich die Maden verpuppen und die Fliegen etwa 14 Tage später schlüpfen. Die Fliegen werden dann in großen Plastikdosen (ab 3 l Volumen) mindestens 3 Tage lang mit Zuckerrübenmelasse, Milchpulver, Kindermilchbrei und vitaminisiertem Trinkwasser gefüttert. Anschließend werden sie, gut eingestäubt mit Korvimin ZVT, verfüttert. Einige Chamäleonarten sind regelrecht verrückt nach Fliegen.

Ein weiteres Futtertier, von dem wir kurz noch die Zucht beschreiben wollen, ist die grüne Schabe (lateinischer Name noch unbekannt), da sie die Chamäleonhaltung unter Umständen vereinfachen kann und die Zucht noch nirgends veröffentlicht wurde. Die grüne Schabe wird in dicht schließenden Aquarien gehalten, in die eine etwa 10 cm hohe, immer naß zu haltende Gartenerde- oder Kleintierstreuschicht gegeben wird. Beim Hantieren im Zuchtbehälter muß man vorsichtig sein, da die adulten Tiere fliegen können. Auf diese Schicht gibt man 1 oder 2 Eierkartons und einige Bananenschalen, die einmal in der Woche erneuert werden. Ferner sollte man auch immer etwas Honig verfüttern. Je mehr Schaben, desto mehr Bananenschalen oder Bananenstückchen muß man verfüttern. Reste sollten wegen der Gefahr, daß sich zu viele Milben im Zuchtbehälter bilden, immer entfernt werden. Die Temperaturen sollten konstant 38 ° C betragen. Der Vermehrungszyklus dauert sehr lange, doch die Geduld lohnt sich, da man ein sehr begehrtes und attraktives Futtertier erhält. Gefüttert wird am besten nur mit der Futterpinzette oder von der Nadel. Die Zucht ist nicht so ertragreich wie andere Schabenzuchten.

Im allgemeinen fressen die Chamäleons alle lebenden Insekten. Wir verfüttern verschiedene Grillen, Schaben, Heuschrecken, Fliegen, Wachs- und Mehlmotten, Getreideschimmelkäfer, Mehlwürmer, Schwarzkäferlarven, Nacktschnecken, Asseln und Spinnen sowie als Erstfutter verschiedene Drosophilaarten, kleinste Grillen und Springschwänze. Einige große Chamäleonarten fressen auch gerne Mäusebabys. Leider müssen wir hier auch einige gern gefressene Futtertiere nennen, die wir aus verständlichen Gründen nicht empfehlen. So fressen die Weibchen von Furcifer pardalis gerne kleine Taggeckoarten. Herr STOCKEY (mündl. Mitteilung) beobachtete, wie sein Pantherchamäleon-Weibchen junge Dendrobates tricolor fraß. Bradypodion fischeri frißt kleine Anolis-Arten, und die „echten Echsenfresser" schließlich wie Calumna brevicornis und Chamaeleo melleri lassen keinen Gecko aus. Frau FRIEDERICH (mündl. Mitteilung) beobachtete, daß ihr Chamaeleo calyptratus gerne Bradypodion pumilum gefressen hätte. Aus einigen Gegenden Madagaskars weiß man, daß sich die Einwohner große Calumna oustaleti in den Garten und ins Haus holen, damit sie alles „Ungeziefer" verzehren.

Leider werden manche Chamäleons in der Gefangenschaft sehr wählerisch, was das Futter angeht. Nach einer kurzen Übergangszeit fressen sie nur noch das Lieblingsfutter. So weit darf man es gar nicht erst kommen lassen. Man verhindert das, indem man möglichst abwechslungsreich füttert. Fast alle Chamäleons haben eine Vorliebe für grüne Futterinsekten. Selbst die größten Futterverweigerer, dies kommt häufig vor bei frischen Importen, werden bei dem Anblick einer grünen Schabe oder grünen Heuschrecke schwach. Gefüttert wird täglich mit einem Fastentag in der Woche. Wieviel die einzelnen Arten benötigen, ist den Artenbeschreibungen zu entnehmen.

Häufig hört man, daß die Chamäleons in der Gefangenschaft verfetten. Meist stellt sich beim Nachfragen heraus, daß die Tiere, z. B. durch zu wenig Wasser, eine Fettniere oder ähnliches bekommen haben und verendet sind. Richtige Verfettungen von Chamäleons durch zu viel Futter bei gleichzeitiger verschwenderischer Gabe von Vitaminen ist uns nur in wenigen Fällen bekannt geworden. Dabei war in einem Fall das Tier so schwer geworden, daß die Knochen verkrümmt gewachsen waren. Allgemein läßt sich sagen, daß die langsamen Arten eher zu Verfettungen neigen als die lebhaften Arten. Besonders vorsichtig – mit Hinweisen auf Verfettung – sollte man bei den Weibchen sein. Uns selbst ist ein Weibchen, das wir nach „Expertenart" auf Diät setzten, einige Tage später nach einer Eiablage (Trächtigkeit war nicht erkannt worden) gestorben. In der Regel fressen die Tiere nur so viel, wie sie brauchen.

Nach unseren Beobachtungen ist die günstigste Fütterungszeit für die Stummelschwanz-Chamäleons morgens und für die echten Chamäleons nachmittags, wenn die Tiere sich voll erwärmt haben. Große Chamäleons gewöhnt man an eine Futterpinzette oder eine Futterdose von bzw. aus der sie das Insekt schießen können. Aber nicht alle gewöhnen sich daran, den sehr scheuen Tieren muß man die Insekten ins Terrarium schütten. Den kleinen Arten und den Nachzuchten schütten wir einmal täglch eine entsprechende Menge an Drosophila oder kleinen Heimchen ins Terrarium.

Ab und zu kommt es leider auch vor, daß man Chamäleons zwangsfüttern muß. Bei vielen Arten ist dies sehr einfach: sobald das Chamäleon aus dem Terrarium genommen wird, reißt es das Maul auf, und man kann ihm das Futter oder Medikament weit genug ins Maul schieben. Öffnet das Tier nicht freiwillig das Maul, kann man es ärgern, z. B. streicheln, aufs Maul tippen oder leicht auf die Augen drücken, um es damit dazu zu bewegen, das Maul zu öffnen. Weigert sich das Chamäleon immer noch, kann man es dem Anblick eines Artgenossen aussetzen; sollte auch das keinen Erfolg haben, läßt man das Tier besser in Ruhe. Häufig findet man den Hinweis, Chamäleons seien reine Insekten- bzw. Fleischfres-

**Intensives Tränken ist für viele Chamäleons lebensnotwendig.**

ser. Das stimmt nicht. Bei folgenden Arten konnten wir bisher schon beobachten, daß einzelne Tiere aktiv Pflanzen aufnahmen: Chamaeleo calyptratus, Calumna brevicornis, Furcifer lateralis und Furcifer pardalis. Das Chamaeleo calyptratus hatte kurz nach dem Einsetzen in ein Terrarium mehrmals Stücke aus einem Philodendron herausgebissen und gefressen. Wir vermuteten damals, daß es nach dem langen Transport so durstig war, daß es seinen Wasserbedarf durch Pflanzenteile decken wollte. Es fraß aber immer wieder mal ein Stückchen aus einem Blatt. Dieses Verhalten zeigten auch später die Nachzuchttiere. Herr HENKEL filmte ein Calumna brevicornis in freier Wildbahn beim regelrechten Abweiden von gelben Blüten an einem Busch. Im Terrarium konnte Frau SEUME als erste ein Furcifer lateralis beim regelmäßigen Fressen von Zebrina pendula-Blättern beobachten. Unsere erste Vermutung, daß es sich um eine individuelle Einzelleistung eines Chamäleons handelte, wurde nicht bestätigt. Die gleiche Pflanze wird von anderen Teppich- und Pantherchamäleons regelmäßig gefressen, aber seltsamerweise nicht von allen Tieren. Wir können Zebrina pendula deshalb als Terrarienpflanze empfehlen. Ferner konnte Calumna

Mit einer Gesamtlänge von 10 cm zählt Calumna boettgeri zu den Zwergen.

Im Gebüsch lauert ein Männchen von Calumna brevicornis auf Beute.

brevicornis beim Fressen von Farnblättern im Terrarium beobachtet werden. Bei Magenuntersuchungen freilebender Chamäleons fand man ebenfalls pflanzliche Rückstände und Samen. Dies zeigt, daß es noch einige Beobachtungen zu machen gibt.

Nun zu dem wichtigsten und in der Fachliteratur schon häufig diskutierten Thema, der Kalk- und Vitaminversorgung. Auf eine Auflistung der vielen Rezepte möchten wir verzichten. Stattdessen wollen wir unser Rezept für alle, die noch keins haben, kurz beschreiben. Alle, die schon seit Jahren erfolgreich Chamäleons halten und nachzüchten, sollten bei ihrem Rezept bleiben, denn es gibt sicherlich kein allgemeingültiges.

Alle, wir meinen wirklich ausnahmslos alle, Futtertiere werden mit einem Kalk-Vitamin-Gemisch (Korvimin ZVT) gut eingestäubt. Zusätzlich bekommen die Tiere jede Woche je nach Größe 0,01 bis 5 Tropfen Multimusin R ins Maul getropft. Dem Trinkwasser (bei kleinen Arten und Jungtieren dem Sprühwasser) wird 2x in der Woche Duphafral multi 1:200 und auf 5 l Wasser ein Teelöffel Calciumglucanat sowie weniger als 1 Tropfen Jodlösung zugesetzt. Zur Jodbeigabe haben wir uns entschlossen, als bei einzelnen Nachzuchten Schilddrüsenvergrößerungen auftraten. Zusätzlich sollte man den Chamäleons ein Näpfchen mit Sepiaschale oder Kalzan D3 anbieten. Wiederholt konnten einzelne Chamäleons beobachtet werden, wie sie aktiv Kalk aufnahmen.

Grundsätzlich decken wir den Wasserbedarf durch Sprühen, es gibt nur zwei Ausnahmen: große Tiere, ab der Größe eines ausgewachsenen Furcifer lateralis (Gesamtlänge ca. 15 cm), erhalten 2x in der Woche zusätzlich aus der Pipette Wasser. Chamäleons, die nicht freiwillig trinken, spritzen wir einfach einmal das Maul voll (genauere Angaben s. Artenteil). Weiterhin müssen Tiere in Quarantänebecken von der Hand getränkt werden, denn dort wird überhaupt nicht gesprüht, da die Tiere sonst ihre eigenen Krankheitskeime wieder aufnehmen würden. Hier muß man entsprechend alle 2 Tage tränken. Man sollte es sich angewöhnen, für jedes Chamäleon eine eigene Pipette zu benutzen, die nach dem Benutzen gereinigt wird. Nur so kann man das Übertragen von Krankheiten verhindern. Man sollte es nicht versäumen, den Chamäleons eine Trinkwasserschale anzubieten. Viele gewöhnen sich daran und trinken gerne daraus. Wieder andere trinken außer Tropfen nur bewegtes Wasser, hier hat sich der Einsatz eines Zimmerspringbrunnens (gewöhnlich in Hydrokulturanlagen benutzt) sehr bewährt. Ein Tropfenfall wird ebenfalls von vielen

Chamäleons angenommen. Man nimmt dazu am besten leere Infusionsflaschen (in Krankenhäusern erhältlich) und das dazugehörige Infusionsbesteck. Die Flaschen werden mit Wasser gefüllt und über das Terrarium gehängt. Das Infusionsbesteck wird angeschlossen und die Anzahl der Tropfen eingestellt. Der Tropfenfall braucht nicht den ganzen Tag zu laufen, es reicht 1 Stunde am späten Nachmittag. Leider reicht die Raumhöhe selten aus, außerdem sieht das Terrarienzimmer dann meist aus wie eine Intensivstation. Einzelne Chamäleons nehmen auch Tropfen auf, die aus Kleintiertränken hervorstehen, leider sind dies nur sehr wenige Tiere. Es bleibt jedem selbst überlassen, hier einiges auszuprobieren. In der Fachliteratur gibt es noch zahlreiche Hinweise. Ein kleiner Tip noch zur Bepflanzung. Es gibt Pflanzen, wie z. B. den Nestfarn, wo sich nach dem Sprühen auf den Blättern große Tropfen bilden, die dort länger hängen bleiben als bei anderen Pflanzen. Solche Pflanzen sind besonders gut als Terrarienpflanzen geeignet. Fast alle Chamäleons trinken gerne aus Blattachseln und Bromelien, leider hinterlassen sie dort auch gerne ihr „Geschäft" und die Pflanzen verfaulen.

**Chamäleons sind Lauerjäger. Nur bei großem Hunger oder bei bevorzugtem Futter jagen die Tiere aktiv.**

# Hilfe bei Krankheiten

Dies ist eines der schwierigsten Themen bei der Haltung von Chamäleons. Da wir und die meisten Terrarianer nicht entsprechend qualifiziert sind, verzichten wir darauf, wie in der Fachliteratur so oft üblich, eine Tabelle mit Krankheiten und deren Behandlung aufzustellen. Wenn man diese Tabellen in der Terrarienliteratur sieht, könnte man leicht zu dem Schluß kommen, die Diagnose und die Behandlung wären ein Kinderspiel. Wir wollen nur Hinweise auf die Fachliteratur zu diesem Thema geben und unsere Erfahrungen mit einfachen Krankheiten schildern, sowie Hinweise zur Vermeidung von Krankheiten geben. Glücklicherweise sind in den letzten Jahren zwei deutschsprachige Werke über Reptilienkrankheiten auf den Markt gekommen: ISENBÜGEL, FRANK (1985) und IPPEN, SCHRÖDER, ELZE (1985). Darüber hinaus können wir das englischsprachige Werk von COOPER and JACKSON (1981) empfehlen. Man sollte sich die Literatur vorsorglich holen, weil die Zeit knapp ist, wenn das Tier erst einmal krank ist. Für deutsche Terrarianer empfiehlt sich zuerst das Buch von ISENBÜGEL und FRANK, da die angegebenen Medikamente hier erhältlich sind.

Wer sich ein Chamäleon anschaffen will, möchte natürlich wissen, in welchem Gesundheitszustand sich das Tier befindet. Hierzu wurden schon häufig Kennzeichen veröffentlicht. Als erstes wird immer genannt, daß die Augen nicht in den Augenhöhlen sitzen dürfen, sondern prall herausstehen müssen. Leider können sehr viele Arten die Augen selbst in den Kopf zurückziehen und tun dies immer, wenn sie sich bedroht fühlen oder belästigt werden. Auch der Hinweis, daß die Intensität der Farbe aussagekräftig ist über den Zustand des Tieres, stimmt nur bedingt. So sollten gesunde Tiere leuchtende Farben zeigen. Viel häufiger, besonders bei frisch importierten Tieren, sind die leuchtenden Farben eine Art Streßfärbung. Blasse Farben können oft Folgen einer Demutshaltung sein. Auch Haltungsfehler wie zu wenig Licht oder zu niedrige Temperaturen wirken sich auf die Färbung aus.

Wirklich aussagekräftig über den Ernährungszustand des Tieres ist der Schwanz, er sollte nicht ausschließlich aus Haut und Knochen bestehen. Ein weiteres gutes Kriterium ist die Aktivität der Tiere (gilt aber nur für lebhafte Arten) unter normalen Bedingungen, also unter Temperaturen im Aktivitätstemperaturbereich. Auch wenn

**Männchen von Furcifer pardalis im Lebensraum bei Maroansetra.**

alle diese Punkte beachtet werden, braucht man eine Portion Glück, um ein wirklich gesundes Tier zu erwerben. Nachzuchten befinden sich regelmäßig in einem deutlich besseren Gesundheitszustand als Importtiere. so daß wir besonders dem unerfahrenen Chamäleonpfleger in spe den Erwerb von Nachzuchten empfehlen.

Hat man ein Tier erworben, setzt man es sofort in ein Quarantänebecken und füttert und tränkt es erst einmal ausgiebig. Am besten schickt man den ersten Kot an eine der drei genannten Untersuchungsstellen zur kostenpflichtigen Untersuchung und bittet ggf. um Behandlungshinweise. Sollte die erste Probe keinen Parasitenbefall ergeben haben, schickt man zur Sicherheit noch eine Probe nach drei Wochen ein. Ist auch sie negativ, setzt man das Tier sofort in ein normales Terrarium. Hat das Chamäleon Parasiten, behandelt man nach Anweisung und läßt anschließend wieder eine Kotprobe untersuchen.

Nachfolgend sei noch einmal eine Liste der Institute genant, die kostenpflichtige Kotuntersuchungen durchführen:

1. Universität Hohenheim, Institut für Parasitologie, Emil-Wolf-Straße 34 in 7000 Stuttgart 70.
2. Veterinärmedizinische Fakultät

der Uni Gießen, Frankfurter Straße 87 in 6300 Gießen
3. Tiergesundheitsamt Hannover, Dr. Röder, Dahrenwalder Straße 133 in 3000 Hannover 1.

Bei den vorstehenden Adressen kann man auch um Sektion verendeter Tiere bitten.

Eine der häufigsten Ursachen für den Verlust eines Chamäleons stellt die Legenot dar. Legenot liegt vor, wenn ein hochträchtiges Weibchen nicht in der Lage ist, die Eier abzusetzen. Hierfür gibt es folgende Ursachen:

1. kein geeigneter Ablageplatz;
2. zu viel Streß, z. B. durch häufiges Umsetzen des Weibchens während der Trächtigkeit oder beim dauernden Anblick eines anderen Chamäleons;
3. eine nicht ausreichende Vitamin- und Kalkversorgung;
4. organische Erkrankungen wie z. B. Eileiterverstopfung.

Die Punkte 1-3 sind Haltungsfehler, ihre Behebung wurde bereits ausführlich besprochen. Punkt 4 ist der seltenste, ihm steht der normale Terrarianer hilflos gegenüber. Ist es zu einer Legenot gekommen, deren Ursache Punkt 1-3 ist, gibt es folgende Hilfsmittel: Man kann dem Tier Oxytocin spritzen, wir haben damit unterschiedliche Erfahrungen gemacht. Beim Teppichchamäleon (Furcifer lateralis) führte unter anderem auch starkes Absenken der Nachttemperatur zum gewünschten Erfolg.

Hin und wieder kann man bei Chamäleon-Weibchen nach der Eiablage oder Geburt eine Schußschwäche oder, genauer, Zungenlähmung feststellen. Diese Lähmung verschwindet nach reichlicher Vitamin B-Gabe und guter Ernährung nach einigen Tagen.

Als ideales Desinfektionsmittel bei kleinen Verletzungen und Schuppenveränderungen hat sich Gentianaviolett (5% Gentianaviolett in 70%igem Alkohol gelöst, in der Apotheke mischen lassen) erwiesen. Das Mittel wird einfach mit Hilfe eines Wattestäbchens auf die verletzte Stelle aufgetragen.

Häufig sind Wildfänge an der Schnauzenspitze verletzt. Meist hat sich bereits ein kleiner Eiterherd zwischen Haut und Kiefer gebildet. Hier muß man vorsichtig die Haut am Kiefer herunterziehen, den gesamten Eiter entfernen und die Stelle mit einer antibiotischen Salbe bestreichen. Diese Behandlung führte mit Nebacetin-Salbe, die über einen Zeitraum von 14 Tagen angewendet wurde, zum Erfolg. Häutungsschwierigkeiten können eine Folge von zu hoher oder zu niedriger Luftfeuchtigkeit sein, hier muß man gegebenenfalls experimentieren. Es ist sicher nicht schlimm, wenn sich ein Chamäleon an einem Tag nicht ganz häutet, bei einigen Arten dauert es immer länger. Sieht man jedoch, daß das

Chamäleon sich nicht selbst häuten kann, sollte man es einige Minuten in lauwarmen Wasser mit ein wenig Kamillosan baden und anschließend die Haut vorsichtig abziehen.

# Eizeitigung und Aufzucht

Die erfolgreiche Zeitigung von Chamäleoneiern im Terrarium ist bisher leider noch eine Ausnahme. Uns sind nur zwei gelungene Eizeitigungen bekannt, einmal von Herrn HENKEL bei Brookesia stumpfii-Eiern und von Herrn MÜLLER bei Chamaeleo dilepis-Eiern. Uns ist lediglich die Inkubation von Brookesia minima-Eiern im Terrarium gelungen. Die beiden Erdchamäleonarten benötigen zur Zeitigung keine hohen Temperaturen. Neben dem Risiko, Eier durch falsche Zeitigungsbedingungen zu verlieren, besteht noch die Gefahr, daß die weichschaligen Eier Beute der Futterinsekten werden. Man sollte die Eier deshalb nach der Ablage sofort aus dem Terrarium nehmen. Bei der Entnahme muß man unbedingt darauf achten, daß man die Eier nicht in ihrer Lage verändert. Der genaue Zeitpunkt, wann sich der Embryo an der oberen Seite anheftet, ist von Art zu Art unterschiedlich. Bei einigen Arten, z. B. Furcifer lateralis und Furcifer campani, kann man die Keimscheibe gut als kleinen roten Kreis erkennen. Man weiß dann sofort, daß die Eier befruchtet sind. Bei den meisten Arten sieht man die Keimscheibe jedoch nicht. Als Zeitigungssubstrat empfehlen wir nur Vermiculit oder Perlit. Das sind kleine Kunststoffschnipsel, die hervorragend das Wasser aufnehmen und halten, so daß die Eier das Wasser aufnehmen können, ohne gleichzeitig mit dem Wasser direkt in Berührung zu kommen. Die Eier einiger Chamäleonarten sind sehr empfindlich gegen Tropfwasser oder zuviel Feuchtigkeit. Andere sind völlig unempfindlich und können sogar zum Nachfeuchten des Substrates besprüht werden. Die Eier nehmen nur mit der unteren Eihälfte Wasser auf, die obere dient ausschließlich dem Gasaustausch. Deshalb sollten alle Eier am besten halb im Zeitigungssubstrat vergraben werden. Das Substrat muß immer leicht feucht gehalten werden. Die für die meisten Arten richtige Feuchtigkeit hat das Substrat, wenn kein Wasser mehr von allein austritt, es leicht zusammenhält und wenn das Wasser

Türkisblaues Männchen und grünes Weibchen von Calumna parsonii.

**Hoffnung auf Nachzucht: Eiablage von Furcifer pardalis.**

beim Zerdrücken zwischen den Fingern wieder herausquillt. Es hat sich bewährt, etwa alle 3 Wochen das Substrat, wenn nötig, nachzufeuchten durch Besprühen des Dosenrandes. Als Zeitigungsbehälter eignen sich alle dicht schließenden Plastikdosen mit klarsichtigem Deckel (z. B. Quarkbecher, Salatbecher). Durch das regelmäßige Überprüfen der Feuchtigkeit ist auch für einen ausreichenden Luftaustausch gesorgt. Einen Brutbehälter kann man sich selbst bauen, wie er in einigen Varianten in der Literatur beschrieben ist. Wir verwenden die Brutglucken der Firma Jäger (die Firma annonciert in vielen Fachzeitschriften) mit gutem Erfolg. Für die Eier einiger Chamäleonarten benötigt man gar keine Brutglucken, da sie keine konstanten Temperaturen brauchen, so lassen sich Chamaeleo dilepis-Eier auch auf der Beleuchtung, bei tagsüber 30° C und nachts Zimmertemperatur, gut zeitigen.

Erdchamäleoneier zeitigt man am besten nur bei Zimmertemperatur, da sie gegen hohe Temperaturen sehr empfindlich sind. Weitere Besonderheiten werden bei den Artenbeschreibungen angegeben. Bei der Zeitigung von Eiern von Chamäleonarten, die nicht in den Artenbeschreibungen aufgeführt sind, empfehlen wir ein sorgfälti-

ges Klimastudium des Lebensraums und der daraus folgenden Ableitung der Bruttemperatur. Grundsätzlich sollten wir bei Urwaldbewohnern nicht zu hohe Temperaturen wählen, ca. 18 ° C bis max. 25 ° C. Kurz vor dem Schlupf beginnen die Eier zu schrumpfen und zu schwitzen. Später schneiden die Jungtiere die Eier an einer Seite sternförmig auf und strecken den Kopf heraus. In dieser Lage verharren sie meist einige Stunden.
Wenn die adulten Tiere gut gepflegt und ausreichend mit Kalk und Vitaminen versorgt worden sind und wenn die Eier richtig gezeitigt worden sind, so bereitet die Aufzucht der Nachzuchttiere keine Probleme. Bereits kleine Nachlässigkeiten während der Trächtigkeit führen dazu, daß die Jungtiere nicht schlüpfen oder aber schlecht oder gar nicht wachsen. Für die Pflege der Nachzuchten gilt fast das gleiche wie für die adulten Tiere. Die Jungtiere werden einzeln in kleinen Behältern untergebracht. Man sollte sich nicht dazu verleiten lassen, mehrere Tiere zusammen großzuziehen, da die Aggressivität bei einigen Arten im Jugendstadium größer ist. Auch bei den anderen Arten würde das dominante Männchen alle anderen unterdrücken und die anderen Männchen an der Ausprägung der geschlechtsspezifischen Merkmale hindern. Bei den Aufzuchtbecken sollten die Belüftungsflächen größer sein als bei den Terrarien für die ausgewachsenen Tiere, da die Gefahr der Überhitzung größer ist. Zum einen, weil die Terrarien wesentlich kleiner sind und sich schneller erwärmen, zum anderen, weil die Jungtiere noch nicht so hohe Temperaturen vertragen wie die Adultis. In den kleinen Behältern ist es sehr schwierig, dafür zu sorgen, daß immer eine Ecke trocken bleibt. Am einfachsten ist es, nur die Blätter zu besprühen und das Geäst und die Tiere nicht anzusprühen. Dies ist wichtig, wenn sich die kleinen Chamäleons häuten. Denn wenn sie immer durch die Feuchtigkeit laufen müssen, klebt die frisch gelöste alte Haut wieder fest, und es kann zu Pilzinfektionen oder aber zu Wasseransammlungen zwischen alter und neuer Haut kommen. Beides führt kurze Zeit später zum Tod. Weiter muß man bei der Häutung unbedingt darauf achten, daß sich die alte Haut nicht an den Gliedmaßen aufrollt und sie abschnürt. Dann sollte man den Jungtieren beim Häuten helfen. Wichtig ist auch, nach Beendigung der Häutung kurz zu kontrollieren, ob die Füße auch frei von Häutungsresten sind; wenn nicht, vorsichtig mit dem Fingernagel abziehen. Das ist eine knifflige Arbeit, die man unter Umständen, wenn sich die Tiere zu stark erregen, für Stun-

den unterbrechen muß. Das Wachstum der meisten Nachzuchten ist nicht gleichmäßig, sondern erfolgt schubweise.

Oft schließen terraristische Bücher das Kapitel „Chamäleons" mit der Empfehlung, die Tiere nicht zu pflegen. Wir meinen, daß man keine derartige Empfehlung aussprechen kann, sondern daß jeder selbst seine Entscheidung treffen sollte, ob er die technischen Voraussetzungen schaffen kann und die Chamäleons dann gewissenhaft und einfühlsam pflegen will.

Wer sich für die Pflege der faszinierenden Drachen entscheidet, der wird bei richtiger Haltung viel Freude an seinem Chamäleon haben.

Wir können vor allem einem Anfänger nur raten, sich bei einem der zahlreichen Chamäleon-Züchter Nachzuchttiere zu besorgen. Man bemühe sich vorher um die Terrarien, die nötigen Futtertierzuchten und lese sorgfältig die Literatur, denn nur so bleiben einem viele negative Erfahrungen erspart.

**Verbreitungskarte**

**Der schraffierte Bereich zeigt die Verbreitungsschwerpunkte.**

# Artenbeschreibungen

Im folgenden wollen wir das Aussehen sowie Haltung und Zucht mehrerer, häufig gepflegter Arten ausführlich darstellen. Dabei wird bei jeder Art auf das Paarungsverhalten und die Eizeitigung bzw. Trächtigkeit besonders ausführlich eingegangen, damit der dritte Teil dieses Buches als Nachschlagewerk genutzt werden kann.

# Bradypodion pumilum (GMELIN, 1789), Buntes Zwergchamäleon

Das Bunte Zwergchamäleon zählt zu den beliebtesten in Terrarien gepflegten Chamäleonarten. Obwohl die Art schon Untersuchungsgegenstand zahlreicher Verhaltensstudien war, scheint die Zucht über mehrere Generationen große Schwierigkeiten zu bereiten. Bradypodion pumilum gehört zu den langlebigen Chamäleonarten. Die Tiere erreichen ein Alter von bis zu 5 Jahren.

Ein besonders auffälliges Kennzeichen von Bradypodion pumilum sind die beschuppten Kehlläppchen, die sich den Kehlkamm entlangziehen und kurz vor der Schnauzenspitze am größten sind. Der Helm ist leicht erhöht und entlang der Helmkanten mit großen, konvexen Tuberkelschuppen besetzt. Der Rückenkamm besteht aus einzelnen konischen Tuberkeln, die sich bis auf den Schwanz hinziehen. Die Körperschuppung ist sehr unregelmäßig. Die Grundfärbung ist ein Grün-, Gelb- oder Braunton. Entlang der Flanke verläuft ein langgestreckter blauer und rosa bis roter Fleck. Neben Bradypodion pumilum werden noch eine ganze Reihe naher Verwandter wie Bradypodion damaranum häufig gepflegt und nachgezüchtet. Die maximale Gesamtlänge beträgt ca. 18 cm.

Das Bunte Zwergchamäleon wird in Teilen Südafrikas und Namibias gefunden. Dort scheinen die Chamäleons an keinen bestimmten Biotop gebunden zu sein, sondern nehmen mit jeder Art von Bepflanzung vorlieb. Heute findet man die Tiere besonders häufig in Parks und Vorgärten. Der Grund dafür dürfte sein, daß die Besitzer ihre Gärten gut bewässern und somit einen idealen Lebensraum für die Insekten schaffen, die wiederum den Chamäleons als Nahrung dienen. Die Tageshöchsttemperaturen schwanken im Durchschnitt zwischen 26 und 35 ° C. Genauere Angaben finden sich bei BURRAGE (1973).

Die innerartliche Aggressivität ist nur schwach ausgeprägt. Trotzdem unterdrücken die dominanten Tiere die anderen so stark, daß wir auch hier nur Einzelhaltung empfehlen können. Frau FRIEDERICH (mündl. Mitteilung) pflegte ein Pärchen Bradypodion pumilum transvaalensis bis zum Tod des Weibchens (im Alter von 5 Jahren) zusammen. Während dieser Zeit pflanzten sie sich sechsmal fort.

**Das hübsche Zwergchamäleon ist ein geeigneter Terrarienpflegling. Der beschuppte Kehlsack ist ein Merkmal der südafrikanischen Zwergchamäleons der Gattung Bradypodion.**

Zur Paarung setzt man das Weibchen ins Terrarium zum Männchen, woraufhin die Männchen meist sofort zu nicken beginnen. Die Weibchen reagieren erst, wenn sich das Männchen nähert. Sind sie nicht paarungsbereit, so zeigen sie weiterhin keine direkte Reaktion auf das Männchen. Die Männchen nähern sich nickend den Weibchen und besteigen sie von hinten. Die Kopulationsdauer beträgt etwa 10-30 Minuten.

Zur Unterbringung eignen sich alle üblichen Terrarien mit größeren Belüftungsflächen. Die Größe für ein adultes Tier sollte mindestens L20 x T30 x H50 cm betragen. Die Ausstattung kann denkbar einfach sein, am Boden einige kleine Pflanzen, viele Kletteräste und eine Rankenpflanze. Die Tagestemperaturen sollten bei 25-28 ° C liegen, zusätzlich muß immer ein kleiner Strahler zum Aufwärmen vorhanden sein. Eine Nachtabsenkung von 10 ° C ist zum Wohlbefinden unbedingt erforderlich. Man kann Bradypodion pumilum den ganzen Sommer draußen in großen Drahtterrarien pflegen.

Gefressen werden alle Arten von kleinen Insekten. Lieblingsspeise sind Wachsmaden, die jederzeit und in großen Mengen gefressen werden. Wegen des hohen Fettgehaltes sollten sie aber nur sehr sparsam verfüttert werden.

Auch wenn in ihrem Lebensraum wenig Regen fällt, ist der Wasserbedarf der Tiere sehr hoch. Sie müssen jeden Tag getränkt werden. Die beste Methode ist das Überbrausen des gesamten Terrariums am frühen Morgen. Bei ausreichender Bepflanzung, auf deren Blättern sich die Tropfen ansammeln können, ist dies völlig ausreichend.

Etwa 90-105 Tage nach der Paarung werden die 2-18 Jungen, meist in den Vormittagsstunden, geboren. Die Nachzuchttiere sind sehr heikel. Die Aufzucht kann einzeln oder in Gruppen in kleinen Terrarien erfolgen. Für das Überleben der Jungen ist das tägliche Überbrausen des Aufzuchtbeckens in den Morgenstunden erforderlich. Ohne dieses Tränken würden die Chamäleonbabys nicht einen Tag lebend überstehen! Gefüttert wird möglichst abwechslungsreich. Dabei werden gut eingestäubte Springschwänze, Drosophila und kleine Grillen in die Aufzuchtbecken gegeben. Speziell das Einstäuben der Futtertiere mit einem Kalk-Vitamin-Präparat (z. B. Korvimin ZVT) ist regelmäßig erforderlich, um den Jungtieren ausreichend Aufbaustoffe zuzuführen.

Während des ersten Lebensmonats dürfen die Temperaturen 25 ° C nicht überschreiten. Außerdem ist Stickluft unbedingt zu vermeiden. Die Geschlechtsreife erreichen die Nachzuchttiere in einem Alter von ca. 9 Monaten.

# Chamaeleo ellioti (GÜNTHER, 1895)

Chamaeleo ellioti gehört mit zu den häufig gepflegten Chamäleonarten. Leider wurden bis heute keine Nachzuchtberichte veröffentlicht, obwohl verschiedene Terrarianer diese Art schon über Generationen nachziehen. Die Tiere erreichen ein Lebensalter von etwa 3 Jahren.

Der Helm von Chamaeleo ellioti ist nur wenig erhöht. Rücken- und Kehlkamm bestehen aus kleinen gleichmäßigen Stachelschuppen. Die Körperbeschuppung ist unregelmäßig. Das Farbspektrum umfaßt alle Farben. Die Männchen haben eine grüne Grundfärbung mit einer bunten Zeichnung. Die Weibchen haben meist eine grüne, braune oder graue Grundfärbung mit sehr gemusterter Zeichnung. Je nach Verbreitungsgebiet variieren die Tiere sehr stark. Einige Chamaeleo ellioti-Populationen haben eine ebenso schöne Farbzeichnung wie das Teppichchamäleon. Den als typisch geltenden schwarzen Fleck im hinteren Kehlsackbereich haben nur wenige Tiere. HEINECKE und GRAF (mündl. Mitteilung) fanden in Zaire Populationen, in denen es Chamäleons mit und ohne schwarzen Kehlsackfleck gab. Die Tiere erreichen eine maximale Gesamtlänge von 22 cm.

Chamaeleo ellioti bewohnt das ganze östliche Zentralafrika. Gefunden wird die Art in Kenia, Tansania, Uganda, Ruanda, Burundi und Zaire, in den Höhenlagen von 800 bis 1800 m. Nicht nur in der Zeichnung, sondern auch im Lebensraum gibt es eine starke Übereinstimmung mit dem Teppichchamäleon. So bevorzugt Chamaeleo ellioti ebenso Büsche, hohes Gras und Gärten als Lebensraum. Die Art kommt häufig in großer Populationsstärke vor. HEINECKE (1989) sieht die Art als Kulturfolger an. Die relative Luftfeuchtigkeit schwankt im Verbreitungsgebiet zwischen 60 und 100%. Die Tageshöchsttemperaturen liegen bei 25-28 ° C. Die Tag-Nacht-Schwankung beträgt ca. 10 ° C.

Die innerartliche Aggressivität ist bei Chamaeleo ellioti relativ gering ausgeprägt. Die Tiere sind den ganzen Tag aktiv und zeigen häufig einen stimmungsabhängigen Farbwechsel. Die Vergesellschaftung eines Pärchens in einem sehr großen Terrarium ist möglich, solange das Weibchen nicht trächtig ist. Zur Paarung setzt man das Weibchen ins Terrarium zum Männchen, woraufhin dieses sofort zu nicken anfängt. Ist das Weibchen nicht paarungsbereit, wehrt es das Männchen in der für Chamäleons üblichen Weise ab. Dabei zeigen die Weibchen häufig eine Warnfärbung, eine grelle Zeichnung auf dunklem Grund. Ist das Weibchen jedoch paarungsbereit, macht es bei Anblick des Männchens gar nichts. Das Männchen nähert sich nickend und besteigt das Weibchen. Die Kopulation dauert ca. 15 Minuten. In den nächsten Tagen sollte man die Tiere abermals zusammensetzen, damit möglichst viele Eier befruchtet werden.

Chamaeleo ellioti hat ein großes Frischluftbedürfnis. Geeignet zur Unterbringung sind Terrarien mit sehr großen Lüftungsflächen oder Holzgestellterrarien, bei denen die Seiten völlig mit Draht bespannt sind. Die Mindestgröße für ein adultes Tier beträgt etwa L20 x T30 x H50 cm. Die Tagestemperaturen sollten bei ca. 25 ° C liegen, zusätzlich muß zeitweise ein kleiner Strahler zum Aufwärmen eingeschaltet sein. Ein Tag-Nacht-Unterschied von ca. 8 ° C sollte unbedingt vorhanden sein. Chamaeleo ellioti braucht als Bewohner der offenen Savanne eine gute Beleuchtung, anderenfalls sind die Tiere nicht so aktiv und zeigen nicht ihre ganze Farbpalette. Eine ausreichende relative Luftfeuchtigkeit erreicht man durch mindestens 2x tägliches Überbrausen des gesamten Terrariums. Die Chamäleons können den ganzen Sommer im Freien gehalten werden.

Die Lieblingsspeise von Chamaeleo ellioti sind Stubenfliegen. Man sollte sie ihnen häufig anbieten, da die Tiere dann sehr lebhaft werden und ihr ganzes Geschick einsetzen, um die Fliegen zu erbeuten. Ferner werden kleine Grillen, ganz kleine Wanderheuschrecken, kleine Mehlwürmer, Mehl- und kleine Wachsmotten genommen. Getränkt werden die Tiere ausschließlich durch Sprühwasser.

Nach einer Tragzeit von 100 bis 160 Tagen werden die kleinen Chamäleons geboren. Bereits 14 Tage später verpaaren sich die adulten Tiere wieder. Sollte man diesen Zeitpunkt nach einer Geburt verpassen, ist das nicht weiter tragisch, da die Weibchen Samen in den Receptacula seminis speichern. Die Wurfgröße schwankt zwischen 4 und 14 Tieren. Die Aufzucht der Jungtiere ist schwierig, da sie sehr anfällig sind. In der ersten Zeit sollten die Temperaturen etwa 22 ° C betragen. Man kann sie nach etwa einem Monat langsam auf 25 ° C erhöhen. Gefüttert wird am besten zweimal täglich. Die Geschlechtsreife erreichen die Tiere in einem Alter von ca. 6 bis 9 Monaten.

# Chamaeleo hoehnelii (STEINDACHNER, 1891), Helmchamäleon

Chamaeleo hoehnelii beeindruckt mit seinem Kopfschmuck, einem ausgeprägten Helm. Im Terrarium ist die Nachzucht dieser Art bereits über mehrere Generationen hinweg geglückt.

Das Helmchamäleon zählt heute zu den am häufigsten gepflegten Arten. Es gibt Terrarianer, die es mit gleichbleibendem Erfolg bereits in der 5. Generation und länger nachzüchten. Das Lebenshöchstalter wird mit 2-4 Jahren angenommen.

Das Auffälligste am Helmchamäleon sind der stark erhöhte Helm und der kleine beschuppte Nasenfortsatz. Der Rückenkamm besteht aus großen Stachelschuppen, auf dem Schwanz sind sie klein und laufen schließlich im letzten Drittel aus. Auch der Kehlkamm ist mit großen Stachelschuppen besetzt. An jeder Körperseite können 2 Reihen stark vergrößerter Plattenschuppen verlaufen. Die Grundfärbung ist fast immer ein Grünton, nur zum Aufwärmen oder wenn die Tiere sich ärgern, färben sie sich dunkel. Ferner kann das Farbkleid noch weiße, gelbe, rote, hellblaue, braune und schwarze Farbtöne enthalten. Das am häufigsten gezeigte Farbmuster ist eine Art Rautenzeichnung. Je nach Fundort variieren die Tiere sehr stark: In der Bundesrepublik Deutschland sind inzwischen mehrere Formen bekannt, die recht unterschiedlich aussehen. Der einzig sichere Geschlechtsunterschied ist die verdickte Schwanzwurzel der adulten Männchen. Die maximale Gesamtlänge, die nur wenige Formen des Helmchamäleons erreichen, beträgt 25 cm. Im Durchschnitt werden die Tiere nur 18-22 cm groß. Von Chamaeleo hoehnelii gibt es eine sehr farbenfrohe Unterart, nämlich Chamaeleo hoehnelii altaeelgonis.

Das Verbreitungsgebiet von Chamaeleo hoehnelii umfaßt Höhenlagen von 1200-2800 m in Ostafrika. Die Unterart Chamaeleo hoehnelii altaeelgonis bewohnt Höhenlagen von mehr als 3000 m am Mont Elgon. Bei diesem großen und zerstückelten Verbreitungsgebiet wird klar, warum die Tiere so stark variieren. Gefunden wird Chamaeleo hoehnelii ausschließlich in Büschen und im Gestrüpp.

Die innerartliche Aggressivität ist beim Helmchamäleon nicht so stark ausgeprägt. Man kann sie nur zwischen den Männchen und bei trächtigen Weibchen gegenüber allen anderen Chamäleons beobachten. Ansonsten versuchen die Tiere, sich aus dem Weg zu gehen. Trotzdem kann man nur die Einzelhaltung empfehlen.

Zur Paarung setzt man das Weibchen ins Terrarium zum Männchen. Dieses fängt sofort beim Anblick des Weibchens zu nicken an. Ist das Weibchen nicht paarungsbereit, färbt es sich dunkel und nickt ebenfalls. Das Männchen bricht daraufhin die Balz meist ab. Ist das Weibchen paarungsbereit, so reagiert es auf das Männchen erst gar nicht, sondern läuft bei Annäherung nur langsam weg.

Das Männchen holt das Weibchen ein und besteigt es von hinten. Dann greift es mit einem Fuß zur Kloakenöffnung und „knetet" diese einige Male. Daraufhin öffnet das Weibchen die Kloakenöffnung und es kommt zur Paarung. Die Kopulationsdauer beträgt etwa 10-30 Minuten.

Die Helmchamäleons brauchen Terrarien mit einer Mindestgröße von L25 x T30 x H50 cm. Die Tiere haben ein großes Frischluftbedürfnis. Deshalb müssen die Lüftungsflächen besonders groß sein. Am besten eignen sich Drahtterrarien oder eine freie Haltung auf einer nicht nach Süden ausgerichteten Fensterbank. Die Temperaturen sollten tagsüber bei 25° C liegen und nachts um mindestens 10° C abfallen. Die relative Luftfeuchtigkeit sollte tagsüber zwischen 50 und 80% und nachts zwischen 80 und 100% liegen. Dies erreicht man durch mindestens dreimal tägliches Überbrausen des gesamten Terrariums. Höhere Temperaturen als 25° C haben die Tiere nur vertragen, wenn auch gleichzeitig die Luftfeuchtigkeit sehr hoch war. Sehr vorteilhaft ist die Haltung den Sommer über im Freien!

Die Helmchamäleons fressen alle Arten an kleinen Futterinsekten, am liebsten Stubenfliegen, Heimchen, grüne Schabenmännchen und kleine Motten. Die adulten Tiere sind sehr futtergierig. Damit sie nicht zu dick werden, werden sie nur alle 2 Tage gefüttert. Ihren Wasserbedarf decken die Tiere nur durch Auflecken des Sprühwassers, bei mehrmaligem täglichen Sprühen ist das völlig ausreichend. Bei geringer relativer Luftfeuchtigkeit und bei freier Haltung auf der Fensterbank ist das Trinkbedürfnis größer, und es empfiehlt sich das Tränken mit einer Pipette.

Nach der Paarung sind die Weibchen noch futtergieriger. Etwa 2 Wochen vor der Geburt der kleinen Chamäleons reduzieren sie die Nahrungsaufnahme sehr stark. Die Dauer der Trächtigkeit beträgt 4-6 Monate. Die Geburt findet meist in den späten Vormittagsstunden statt. Etwa 40-50 Tage später verpaaren sich die Tiere wieder. Die Wurfgröße schwankt zwischen 4 und 22 Tieren.

Bei dieser hohen Kinderzahl sollten wir rechtzeitig darauf achten, genügend Kleinstinsekten vorrätig zu haben, um die hungrigen Chamäleonbabys satt zu bekommen.

Bei der Aufzucht der Jungtiere muß man auf zu hohe Temperaturen achten. In den ersten 2 Monaten sollten die Temperaturen tagsüber bei 22° C liegen. Auch bei dieser Art ist eine Einzelaufzucht besser. Die Geschlechtsreife erreichen die Tiere nach etwa 6 Monaten. Nachzuchttiere der großen Variante paarten sich das erste Mal nach 13 Monaten.

# Chamaeleo jacksonii (BOULENGER, 1896), Dreihornchamäleon

Das Dreihornchamäleon gehört wegen seines Aussehens und seiner leichten Haltung und Zucht zu den begehrtesten Chamäleonarten.
Mit seinen drei Schnauzenhörnern erinnert Chamaeleo jacksonii an einen urweltlichen Drachen. Das mittlere Horn liegt direkt über der Schnauzenspitze und ist leicht nach oben gebogen. Die beiden anderen sitzen in Augenhöhe und sind auch nach vorne gerichtet. Die Körperbeschuppung ist sehr unterschiedlich in Größe und Form. Der Rückenkamm erinnert im Aussehen an ein Sägeblatt. Die Grundfärbung ist grün bis gelbbraun mit weißen oder braunen Flecken. Manchmal erinnert die Färbung an „eine mit Flechten bewachsene Baumrinde" (KLINGELHÖFFER). Die Gesamtlänge dieses ostafrikanischen Dreihornchamäleons beträgt bis zu 32 cm. Die Weibchen haben entweder drei kleine, nur das mittlere oder gar kein Horn. In diesem Fall sind die Hörner nur als Kegelschuppen angedeutet. Doch ist im Zweifelsfalle auch hier das Männchen an der verdickten Schwanzwurzel zu erkennen. Diese Art besitzt eine große geographische Variabilität, und die Anzahl der Unterarten ist noch nicht abgeklärt. Chamaeleo jacksonii kommt in Kenia, Tansania und Uganda vor. Man kann es bis in einer Höhe von 2000 m finden. Genauere Angaben machen LIN und NELSON (1981).
Das Hochland ist sehr regenreich. Nairobi liegt in ca. 1800 m Höhe und hat morgens Temperaturen von ca. 11 ° C. Nachmittags zeigt das Thermometer eine Temperatur von etwa 24 ° C an.
Chamaeleo jacksonii gehört zu den wenigen Arten, bei denen man ein Pärchen zusammen halten kann. Voraussetzung dafür ist jedoch ein sehr großer Behälter mit dichter Bepflanzung. Im allgemeinen wird man jedoch die Tiere besser einzeln halten. Die Männchen sind sehr unverträglich und können auf keinen Fall in einem Terrarium gepflegt werden.
In der Paarungszeit reagiert das Weibchen durch schwaches Drohen auf den Sichtkontakt mit dem Männchen. Jedoch hört das Drohimponieren und Querwackeln bald auf. So erkennt das Männ-

**Wie ein Drachen aus grauer Vorzeit schaut das Dreihornchamäleon aus.**

chen die Paarungsbereitschaft. Auch ein ganz ruhig sitzendes Weibchen, das bei Annäherung des Männchens immer heller wird, signalisiert Paarungsbereitschaft. Bei Annäherung des Männchens wird der bis dahin zusammengerollte Schwanz langsam gestreckt. Das Männchen kommt von hinten und packt die Schwanzwurzel oder die Seiten des Weibchens, das nun den Rücken durchbiegt und den Schwanz anhebt. Das Männchen faßt dann den Nacken und zieht sich auf den Rücken des Weibchens. Es sucht Kloakenkontakt und führt den Hemipenis ein. Der gesamte Paarungsvorgang dauert etwa 13 Minuten, wovon 10 Minuten allein auf den Kloakenkontakt entfallen. Mit Querwackeln, dunkler Färbung und einer Vorwärtsbewegung beendet das Weibchen die Paarung. Es kann in den nächsten Tagen zu weiteren Paarungen kommen. Maximal beträgt die Paarungsbereitschaft 11 Tage und für den Fall, daß es noch nicht zur Paarung gekommen ist, sogar etwa 30 Tage.

Da diese Art aus dem Hochland kommt, sollte der Behälter entsprechend gebaut sein. Dies bedeutet, daß drei Seiten aus Gaze und eine aus Glas bestehen. Auch der Deckel muß eine große Gazefläche besitzen. Wer jedoch die Möglichkeit hat, sollte diese Tiere frei im Blumenfenster halten. Das Terrarium muß mindestens eine Größe von L60 x T50 x H80 cm haben. Ein kleiner Spotstrahler, je nach Terrariumgröße, sorgt tagsüber für eine Temperatur von ca. 28 ° C. Nachts sollte die Temperatur auf ca. 15 ° C oder tiefer absinken. Diese große Schwankung ist für die Erhöhung der Lebenserwartung von Chamaeleo jacksonii wichtig. Eine relative Luftfeuchtigkeit von tagsüber 50-80% und nachts 80-100% fördert das Wohlbefinden. Dies kann man durch morgendliches und abendliches Übersprühen des Terrariums erreichen.

Das Futter besteht praktisch aus allen Insekten, von Fliegen bis zur Stabschrecke. Aber auch Nackt- und Gehäuseschnecken, Regenwürmer oder nestjunge Mäuse wurden schon gefressen.

Chamaeleo jacksonii gehört zu den lebendgebärenden Arten. Nach etwa 3,5-6 Monaten bringt das Weibchen die Jungen zur Welt. Schon längere Zeit, eventuell mehrere Wochen vor der Geburt, frißt es nicht mehr. Im allgemeinen kündigt sich die Geburt der 7-38 Kleinen durch eine ein- bis zweitägige Unruhe des Weibchens an. Schließlich legt es am Vormittag die Eier wahllos im Geäst ab. Bedingt durch die klebrige Hülle bleiben die Eier mit den Jungen darin an den Ästen hängen. Allerdings fallen hierbei auch manche Eier auf den Boden.

Durch ein Strecken des Körpers sprengt das 5,5 cm lange und nur 5,6 g schwere Babychamäleon die Eihülle und streckt zum ersten Mal seinen Kopf in unsere Welt. Schon kurz danach zeigt es seine charakteristische Jugendfärbung, schwarz mit weißen, dreieckigen Flecken. Der gesamte Geburtsvorgang kann zwischen 32 und 225 Minuten dauern und ist von der Anzahl der Eier abhängig.

Auch in diesem Fall werden die Jungen von der Mutter getrennt. Am Anfang kann man die Kleinen noch in Gruppen zusammen lassen, jedoch ist es sicherer, die Tiere einzeln aufzuziehen. Stärker noch als bei den Erwachsenen muß man hier darauf achten, daß die Temperatur nicht zu hoch steigt. 24° C tagsüber ist das absolute Maximum! Auch sollte diese Temperatur nicht den ganzen Tag konstant gehalten werden.

Die Aufzucht bereitet keine Probleme. Gefüttert werden entsprechend kleine Drosophila, Heimchen und andere Kleinstinsekten. Nach einem Monat sollten die Jungtiere ihr Geburtsgewicht verdoppelt haben und nach 6 Monaten etwa doppelt so groß sein wie zum Zeitpunkt ihrer Geburt. Im Alter von ca. 9 Monaten können sie dann die Geschlechtsreife erreichen.

Zum Abschluß sei noch jedem Interessierten empfohlen, die Dissertation von SCHUSTER (1979) zu lesen, die sich eingehend mit dem Verhalten von Chamaeleo jacksonii befaßt. Das durchschnittliche Lebenshöchstalter beträgt 5-6,5 Jahre, bei Frau FRIEDERICH wurde ein Weibchen über 9 Jahre alt.

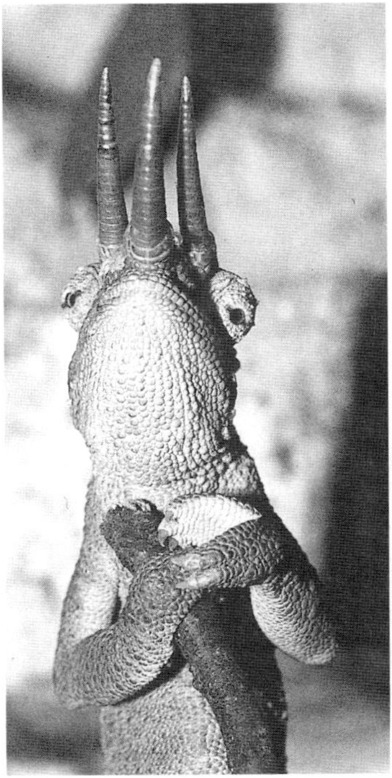

**Ein Chamäleon schaut Dich an. Bei sachgerechter Unterbringung und richtiger Ernährung lassen sich Chamäleons erfolgreich halten und auch züchten.**

# Bradypodion fischeri (REICHENOW, 1895)

Bradypodion fischeri erreicht eine Länge von knapp 40 cm, wobei etwa die Hälfte auf den Schwanz entfällt. Weibliche Tiere bleiben meist etwas kleiner. Ist die Zeichnung einzelner Exemplare auch recht unterschiedlich, so sind die Grundfarbtöne doch immer die gleichen. Das Farbspektrum dieser Art reicht von Weiß, Gelb und sämtlichen Grüntönen von Hell- bis Olivgrün über Grau und Braun bis Schwarz. Das Farbkleid der Weibchen zeigt wenig differenzierte Grüntöne in Verbindung mit gelben Farbmustern. Die kontrastreich strukturierte Färbung der Männchen ist kaum vorhanden. Auffallendstes Merkmal dieser Art sind die seitlich stark zusammengedrückten Schnauzenfortsätze, die bei den Männchen bis 20 mm Länge erreichen können, bei den Weibchen allerdings nur maximal 10 mm groß werden oder auch ganz fehlen. Der Rücken von Bradypodion fischeri ist mit einem Kamm kegelförmiger Schuppen versehen, die sich bei den Männchen unregelmäßig verteilt bis auf den Schwanz hinziehen, bei den Weibchen meist nach dem ersten Körperdrittel enden. Die Körperbeschuppung der Tiere ist relativ grob und unregelmäßig.

Bradypodion fischeri stammt aus Ostafrika (Tansania, Kenia) und bewohnt dort Büsche und kleinere Bäume an Waldrändern in einer Höhenlage von ca. 800-1700 m.

Zur Unterbringung der Tiere eignen sich Terrarien ab einer Größe von L40 x T40 x H60 cm. Als Bepflanzung eignet sich besonders ein gut verzweigter Ficus benjamini. Um eine ausreichende Frischluftversorgung sicherzustellen, sollten eine Seite des Terrariums und der Terrariendeckel überwiegend aus Gaze bestehen. Ein im Behälter angebrachter Spotstrahler (bis 40 Watt) wird ausgiebig zum Aufwärmen benutzt. Die Temperaturen liegen in unseren Terrarien bei 26-27 ° C am Tage, bei einer Nachtabsenkung von 8-10 ° C. Die relative Luftfeuchtigkeit sollte tagsüber bei 50-70% liegen, nachts steigt sie durch die sinkenden Temperaturen automatisch etwas an. Um den gewünschten Wert zu erreichen, empfiehlt es

**Bradipodion fischeri wird bis zu 40 cm groß. Bei der Pflege dieser in Hochlandwäldern lebenden Art ist auf eine nächtliche Absenkung der Temperaturen zu achten.**

sich, das gesamte Terrarium einmal vormittags zu überbrausen. Die Beleuchtungsdauer beträgt 12-14 Stunden. Kann man den Tieren direktes, ungefiltertes Sonnenlicht bieten, sollte man dies unbedingt tun. Überhaupt ist es durchaus ratsam, die Chamäleons an warmen, sonnigen Tagen einmal für einige Stunden in Freilandterrarien unterzubringen.

Als Futter kommen alle gängigen Sorten in Betracht, Heimchen, Grillen, Schaben, Wachsmotten und deren Raupen, Larven des Schwarzkäfers (Zophobas), Mehlkäfer und auch nestjunge, nackte Mäuse. Wichtig ist ein abwechslungsreiches Futterangebot, sonst wird ein zu häufig gereichtes Futter bald abgelehnt.

Die Wasserversorgung der Bradypodion fischeri erfolgt über eine Tropftränke. Zusätzlich können die Tiere täglich Sprühwasser aufnehmen. Ein- bis zweimaliges

Tränken pro Woche mittels Pipette reicht ebenfalls völlig aus.
Ist ein Weibchen von Bradypodion fischeri in Paarungsstimmung, so kann man dies mit etwas Erfahrung bereits an der Färbung erkennen. Das Tier zeigt dann ein sattes, kräftiges Grün mit einigen hellen Flecken in der vorderen Körperhälfte und einen leuchtend gelben Kopf. Setzt man das Weibchen nun zu einem Männchen, so wird dieses sofort mit der Werbung beginnen. Sobald es das Weibchen erblickt, hellt es seine Grundfärbung auf, und die weißen Farbstrukturen treten deutlich hervor. Unter heftigem Kopfnicken nähert sich das Männchen nun dem Weibchen. Dieses bleibt ruhig an seinem Platz oder bewegt sich nur noch langsam vorwärts. Das Männchen versucht nun, das Weibchen von hinten zu besteigen. Dann kommt es zum Kloakenkontakt und zur Paarung, die etwa 10-15 Minuten andauert. Weibchen, die nicht in Paarungsstimmung oder bereits trächtig sind, färben sich beim Anblick eines Männchens schwärzlich-grün und versuchen, hastig zu flüchten. Die Paarungsbereitschaft der Weibchen hält ungefähr sieben bis zehn Tage an. Innerhalb dieses Zeitraums paart es sich mehrmals. In der Folgezeit nimmt das Weibchen mehr Futter als gewöhnlich zu sich. Die Trächtigkeit dauert 47-55 Tage. Am Ende dieses Zeitraums sind die Eier bereits deutlich zu erkennen. Einige Tage vor der Eiablage stellt das Weibchen die Nahrungsaufnahme ein und beginnt an mehreren Stellen zu graben. Es sucht einen zusagenden Ablageplatz! In unseren Behältern besteht der Bodengrund aus einem Sand-Torf-Gemisch. Sind die Bedingungen geeignet, so gräbt es einen 15-20 cm tiefen Gang, an dessen Ende dann die ungefährt 12x8 mm grossen Eier abgelegt werden. Anschließend schüttet das Weibchen den Gang wieder sorgfältig zu und tritt die Erde darüber fest. Die Gelege bestehen aus 16-20 Eiern, deren Zeitigung bis jetzt leider noch nicht gelungen ist. Auslöser für die Embryonalentwicklung ist wahrscheinlich ein ausgeprägter Tag-Nacht-Rhythmus, tagsüber 25-26 ° C und nachts 12-14 ° C. Lediglich ein Jungtier entwickelte sich vollständig in einem Ei, das nach Ablauf einer vierwöchigen Phase mit Tag-Nacht-Rhythmus in einer Brutglucke bei konstant 25-26 ° C lag. Leider gelang es dem Tier nicht, das Ei zu verlassen. Wahrscheinlich müssen die Eier ähnlich wie Brookesia-Eier bei Zimmertemperatur gezeitigt werden. Eine Vergesellschaftung von Bradypodion fischeri mit anderen Reptilien oder Amphibien ist nicht ratsam, da die Tiere als begeisterte Echsenfresser bekannt sind.

# Chamaeleo chamaeleon (LINNAEUS, 1758), Europäisches Chamäleon

Von allen Chamäleonarten dürfte das Europäische oder Gemeine Chamäleon das bekannteste sein. Bereits im vergangenen Jahrhundert wurden Tiere importiert und erste Haltungsbeobachtungen aufgezeichnet (FISCHER, 1882). Doch blieben langfristige Nachzuchterfolge bis in unsere Zeit aus. Es wurden immer nur trächtig importierte Weibchen zur Eiablage gebracht oder Paare gefangen, die sich noch im selben Jahr paarten. FLOWER (1925) gibt das natürliche Lebensalter mit ca. 3,5 Jahren an. Dies erscheint nach unseren Beobachtungen realistisch. Leider gibt es zu diesem Thema keine Langzeit-Freilandbeobachtungen. Viele Chamäleonarten erreichen in der Natur ein viel kürzeres Lebensalter als oftmals angenommen.

Das Gemeine Chamäleon erreicht etwa eine Gesamtlänge von 30 cm. Die europäischen Tiere werden meist nur etwa 20 cm groß. Die Körperform ist typisch für Chamäleons, ohne irgendwelche auffälligen Besonderheiten wie Hörner. Der Helm ist hinten leicht erhöht. Die Beschuppung ist nahezu gleichförmig, lediglich der Kopf ist gröber beschildert. Die Färbung ist sehr variabel. Als Grundfärbung zeigen die Tiere meist grüne, gelbe, graue oder braune Farbtöne. Die um die Oasen der algerischen Sahara vorkommenden Tiere weisen keine Grüntöne mehr in ihrem Farbspektrum auf. Auf der Grundfärbung haben die Tiere häufig zwei aus weißen Punkten bestehende Längsstreifen. Zusätzlich zeigen die Tiere oft dunkle oder helle Flecken. Das einzige zuverlässige Kennzeichen zur Geschlechtsunterscheidung ist die verdickte Schwanzwurzel der adulten Männchen.

Chamaeleo chamaeleon hat ein riesiges Verbreitungsgebiet. Die Art bewohnt ganz Nordafrika, Israel, Jordanien, Libanon und Syrien, sowie das südliche und westliche Kleinasien. In Europa findet man das Gemeine Chamäleon im Süden Portugals und Spaniens, auf Sizilien, Malta, Kreta und im Süd-Peloponnes. Leider sind diese Populationen durch die fortschreitende Biotopzerstörung stark bedroht. Als Biotop bewohnen die Chamäleons in Europa

**Das Europäische Chamäleon erreicht eine Größe von 30 cm.**

stark bewachsene Sanddünen und Pinien- bzw. Eukalyptuswälder. In Nordafrika bewohnen sie unterschiedlichste Biotope. Wir fanden Tiere in der offenen Savanne, in lichten Wäldern und in den Oasen. Es fiel auf, daß häufig ein Gewässer in unmittelbarer Nähe war. Die Art bewohnt die Höhenlagen von 0-1750 m. Die bewohnten Sanddünen in Europa zeichnen sich durch ihre Sonnen- und Windexponiertheit aus, was sich im Januar in einer mittleren Temperatur von 10° C, im Juli von 20-30° C und in einer recht hohen Luftfeuchtigkeit von bis zu 84% morgens und 40-50% tagsüber zeigt. Im Durchschnitt fallen im Jahr 500-800 mm Niederschlag.

Wie bei den meisten Chamäleonarten ist auch beim Europäischen Chamäleon die innerartliche Aggressivität sehr stark ausgeprägt.

In Gefangenschaft zeigten sich die Tiere auch gegenüber anderen Terrarienbewohnern - wie zum Beispiel großen Phelsumen - als sehr unverträglich, so daß nur Einzelhaltung möglich ist.
Zur Paarung setzt man das Weibchen ins Terrarium zum Männchen. Ist das Weibchen nicht paarungsbereit, zeigt es dieses bei Anblick eines Männchens durch eine Warnzeichnung, hell leuchtende Punkte auf dunklem Grund. Nähert sich das Männchen trotzdem, so wird es sofort in der üblichen Weise angedroht und angegriffen. Auch bei Chamaeleo chamaeleon erkennt das Männchen die Paarungsbereitschaft des Weibchens daran, daß es jegliches Imponierverhalten unterläßt und langsam weiterläuft. Die Paarung dauert etwa 12-20 Minuten. Bei den in der Literatur oft angegebenen kürzeren Kopulationsdauern mit Zeiten um 1 Minute handelt es sich nach unserer Erfahrung um abgebrochene Paarungsversuche, die nicht zur Befruchtung eines Weibchens ausreichen. Dies gilt auch für andere Chamäleonarten.
Eine wichtige Besonderheit des Europäischen Chamäleons ist es, daß die Tiere eine Art Winterruhe halten. Sie verstecken sich, teilweise auch zu mehreren, in Felsspalten oder ähnlichem und verbringen dort die kalte Jahreszeit. Wenn die Temperaturen im Frühjahr wieder ausreichend warm sind, kommen sie wieder hervor.
Geeignet sind alle Terrarien mit mindestens 2 Lüftungsflächen. Für adulte Tiere reichen Terrarien mit einer Mindestgröße von L40 x T40 x H70 cm. Lokale Wärmequellen, also Spotstrahler, müssen unbedingt vorhanden sein. Die Temperaturen sollten entsprechend der Jahreszeit tagsüber zwischen 23 und 30 ° C liegen, nachts deutlich darunter. Für die Zeit der Winterruhe empfiehlt sich eine Temperatur von 15 ° C. Eine ausreichende relative Luftfeuchtigkeit erhält man, wenn man das Terrarium morgens einmal kräftig überbraust.
Das Europäische Chamäleon frißt alle Arten an üblichen Futterinsekten. Je nach Herkunftsort können bestimmte Vorlieben ausgeprägt sein wie Heuschrecken, aber auch Schaben. Die meisten Chamäleons gewöhnen sich nach einiger Zeit daran, Wasser auch aus einer Wasserschale aufzunehmen. Fast alle trinken Wasser aus Springbrunnen. Ansonsten werden die Tiere zweimal in der Woche mit der Pipette getränkt.
Über die Zucht des Europäischen Chamäleons wurde schon einiges geschrieben. Wie alle Reptilien, die einem jährlich periodischen Fortpflanzungszyklus unterliegen, ist auch bei Chamaeleo chamaeleon eine Gleichschaltung der Geschlechter (gemeint ist gleichzeiti-

ge Paarungsbereitschaft von Männchen und Weibchen) Voraussetzung für die Zucht. Bei einigen Reptilienarten tritt die Paarungsbereitschaft sofort nach Beendigung einer ausreichenden Winterruhe ein. So einfach ist es beim Europäischen Chamäleon leider nicht. Vielmehr tritt hier die Paarungsbereitschaft erst in der zweiten Jahreshälfte ein. Für eine erfolgreiche Zucht im Terrarium stellt sich somit die Frage, was der Auslöser für die Paarungsbereitschaft (Reifung von Eiern und Samen) ist. Wahrscheinlich ist es die Abnahme der natürlichen Tageslänge. Das bedeutet, daß man die Terrarienbeleuchtung so schalten muß, daß bis zum 21. 6. des Jahres die Beleuchtungsdauer zunimmt und danach abnimmt. An dieser Stelle möchten wir unseren Wunsch äußern, daß ein Chamaeleo chamaeleon-Pfleger, der die Möglichkeit hat, Tiere unabhängig von den natürlichen Lichtverhältnissen zu pflegen, uns seine Erfahrungen in bezug auf die Fortpflanzungstätigkeit seiner Chamäleons mitteilt.

Etwa 40-60 Tage nach der Paarung vergräbt das Weibchen die Eier. Die Gelegegröße schwankt zwischen 14 und 46 Eiern. Die Größe der frisch gelegten Eier beträgt etwa 11 x 17 mm.

Spätestens jetzt taucht die Frage auf, wie die Eier gezeitigt werden sollen. Die einfachste Methode besteht darin, die Eier in leicht feuchtes Vermiculit zu betten und bei konstant 27-29 ° C zu zeitigen. Die kleinen Chamäleons schlüpfen bei dieser Methode nach etwa 190-240 Tagen. Leider ist die Freude über die Schar kleiner Chamäleons nach 3 Monaten etwas getrübt, wenn man feststellt, daß alle Weibchen sind. Uns sind bis heute keine männlichen Nachzuchttiere bekannt! Hier ist noch einiges auszuprobieren. Wir möchten hier einige Vorschläge zur Zeitigung machen: 1. höhere Temperaturen während der gesamten Zeitigungsdauer; 2. kühle Phase, analog Furcifer lateralis. Versuche mit gleichbleibenden niedrigen Temperaturen während der gesamten Zeitigungsdauer sind gescheitert. Die Aufzucht der Jungtiere ist problemlos, sie sollten einzeln in kleinen Terrarien bei Temperaturen von 25 ° C und einer nächtlichen Absenkung von ca. 6 ° C gehalten werden.

Will man seine Chamäleons in die Winterruhe schicken, muß man eine Woche vorher die Fütterung einstellen, damit der Darm sich entleeren kann. Anschließend stellt man das Terrarium einfach in einen Keller, in dem Temperaturen von ca. 15 ° C herrschen. Man darf nicht vergessen, eine Schale mit frischem Wasser ins Terrarium zu stellen. Nach etwa 2 Monaten sollte man die Tiere wieder aus der Winterruhe holen.

# Chamaeleo dilepis (LEACH, 1819), Lappenchamäleon

Diese Chamäleonart wurde früher häufig importiert. Auf den ersten Blick fällt bei diesem Chamäleon der flache Hinterkopf mit den Hinterhauptlappen auf, die ihm auch zu dem deutschen Namen Lappenchamäleon verhalfen. Diese Lappen kann das Tier vom Kopf spreizen wie ein Elefant seine Ohren, im maximalen Winkel von 90°. Die Haut besteht aus gleichgroßen Schuppen. Man erkennt deutlich den Kehl-, Bauch- und Rückenkamm. An den Flanken sieht man einen hellen Streifen, der vom Kinn oder von der Achsel ausgeht. Die Grundfärbung ist grün. Die Maximalgröße wird mit knapp 38 cm angegeben. Die Männchen bleiben kleiner als die Weibchen und haben einen Fersensporn. Falls man trotzdem unsicher ist, sollte man auch hier wieder auf die verdickte Schwanzwurzel beim erwachsenen Männchen achten.

In den Waldgebieten und Baumsteppen des tropischen und südlichen Afrika gehört das Lappenchamäleon wohl zu den häufigsten Chamäleons. In seinem großen Verbreitungsgebiet herrschen unterschiedliche Klimabedingungen. Haltung und Nachzucht der südafrikanischen Form wollen wir als Beispiel anführen. Bei Chamäleons aus anderen Verbreitungsgebieten ist eine andere Eizeitigungstemperatur nötig! Die Tiere sollten unbedingt einzeln gehalten werden, da sie sehr unverträglich sind. Es kommt bei Lappenchamäleons, die zusammen gehalten werden, immer zu Beißereien, bei denen auch ernsthafte Verletzungen entstehen können. Aber auch ohne körperlichen Kontakt muß man damit rechnen, daß die Weibchen bei stürmischer Annäherung eines Männchens in eine Art Akinese verfallen, ganz schwarz werden und sich erst nach längerer Zeit wieder erholen. Zur Paarungszeit, das Weibchen zeigt gelbe Flecken auf der grünen Grundfärbung, setzt man es zum Männchen. Das Weibchen reagiert entweder mit langsamer Flucht, oder es bleibt unter leichtem Drohen auf seinem Ast sitzen. Die Annäherung des Männchens erfolgt sehr stürmisch, oft unterläßt es jede Balz. Die Paarung geschieht in der üblichen Weise und dauert insgesamt etwa 20 Minuten.

Zur Durchlüftung sollte das Terrarium an einer Seitenfläche und dem Deckel aus Fliegendraht bestehen. Der ideale Terrarienstandort ist ein sonniger Platz, der dem Tier aber auch die Möglichkeit zum Aufsuchen schattiger Stellen gibt. Ein Spotstrahler und Leuchtstoffröhren helfen ansonsten, die für das Tier geeigneten Temperaturen und Lichtverhältnisse zu schaffen. Der Bodengrund sollte aus einem 10 cm hohen Laub-Erde-Sand-Gemisch bestehen. Tagsüber müßte die Temperatur zwischen 25 und 32° C liegen und nachts auf 18-22° C sinken. Eine relative Luftfeuchtigkeit von 50-60% am Tage und 80-90% in der Nacht ist angebracht. Ein Überbrausen morgens und eventuell abends hilft uns, diese Werte zu erreichen. An Futter kann man alles übliche anbieten: Wachsmottenraupen, Grillen, Heimchen, Fliegen, Spinnen und Motten. Ihr Trinkbedürfnis stillen die Chamäleons beim Übersprühen der Pflanzen. Man kann auch ausprobieren, ob die Chamäleons aus einer Schale trinken. Zusätzlich tränkt man sie zweimal in der Woche von der Pipette.

Nach der Paarung legt das Weibchen nach ca. 30-50 Tagen zwischen 19 und 58 Eier ab. Die Eier zeitigt man auf feuchtem Vermiculit bei 28° C in einem Brutkasten.

**Ch. dilepis in Erregungsfärbung.**

Nach rund 10 Monaten schlüpfen die ca. 37 mm großen Jungtiere. Die Hälfte der Länge entfällt auf den Schwanz. Innerhalb von 2 Monaten kann sich die Körperlänge verdoppeln. Bei optimaler Ernährung und Pflege erreichen die Jungen bereits nach drei Monaten eine Länge von 10 cm, nach 7 Monaten sind sie 15 cm groß! Nach etwa einem Jahr sind die kleinen Chamäleons ausgewachsen und somit geschlechtsreif. Auch beim Lappenchamäleon müssen die Kleinen einzeln aufgezogen werden. Eine Tageshöchsttemperatur von 25° C sollte nicht überschritten werden. Wie bei allen jungen Chamäleons ist für eine ausreichende Vitamin- und Mineralstoffzufuhr zu sorgen.

# Chamaeleo johnstoni (BOULENGER, 1901)

Chamaeleo johnstoni zählt mit einer Gesamtlänge von ca. 30 cm zu den mittelgroßen Chamäleonarten. Weniger als die Hälfte der Gesamtlänge entfällt auf den Schwanz. Da Chamaeleo johnstoni zu den hörnertragenden Arten zählt, ist das Erscheinungsbild zumindest der männlichen Tiere recht eindrucksvoll. Die drei gelblichen, konzentrisch geringelten Hörner erreichen eine Länge von 16-30 mm, wobei das Rostralhorn, das leicht aufwärts zeigt, etwas dicker ist als die beiden Präorbitalhörner. Bei den Weibchen fehlen die Hörner völlig. Die Färbung der beiden Geschlechter ist recht unterschiedlich. Die Männchen zeigen eine hellgrüne, von türkisfarbenen Bändern unterbrochene Grundfärbung, die mit großen, ockergelben Flecken durchsetzt ist. Der Kehlsack ist ebenfalls türkis, die Mundränder ockergelb. Grundfärbung der Weibchen ist

**Die Männchen von Chamaeleo johnstoni tragen eindrucksvolle Hörner.**

ein helles Olivgrün, das mit vielen kleinen schwarzen Flecken bedeckt ist, die in geringerer Zahl auch bei den Männchen zu finden sind. Hellblaue Farbtöne finden sich bei den Weibchen nur am Kopf, der Kehlsack ist orange-gelb gefärbt. Die Farbe der Augen ist ein Braunrot. Die Körperbeschuppung besteht aus großen Körnerschuppen, die mit kleinen, flachen Tuberkelschuppen durchsetzt sind.

Der natürliche Lebensraum der Tiere befindet sich im zentralafrikanischen Hochland in einem Bereich von 1000-2400 m Höhe. Die dort fast ständig herrschenden starken Winde (HEINECKE, mündl. Mitteilung) zwingen die Tiere dazu, sich mit ihren krallenversehenen Greiffüßen sehr gut festzuhalten. Sie leben auf Bäumen in mehreren Metern Höhe. Auch in unseren Terrarien greifen die Tiere wesentlich stärker zu als andere Chamäleonarten.

Besonders stark ausgeprägt ist auch die Aggressivität von Chamaeleo johnstoni. Jede sich nähernde Hand wird sofort mit aufgerissenem Maul und lautem Fauchen angedroht. Zeigt sich der vermeintliche Feind unbeeindruckt, lassen sich die Tiere oft einfach auf die Erde fallen und rollen sich dort zu einer Kugel zusammen. Das Maul bleibt dabei drohend geöffnet. Bereits Jungtiere zeigen dieses Verhalten.

Entsprechend den natürlichen Gegebenheiten muß auch das Terrarium für diese Art aufgebaut und eingerichtet sein. Als Mindestmaß gilt auch hier L40 x T40 x H80 cm. Um das Frischluftbedürfnis dieser Art zu befriedigen, sollten auch hier wenigstens zwei Seiten des Behälters überwiegend aus Draht bestehen. Nicht zu dünnes Klettergeäst und eine Grünpflanze bilden die Einrichtung. Der Bodengrund besteht aus einem Sand-Torf-Erde-Gemisch. Ein Spotstrahler zum Aufwärmen ist nicht unbedingt erforderlich, allerdings muß ein Platz im Behälter vorhanden sein, an dem die Temperatur tagsüber 25-26° C erreicht. Eine Nachtabsenkung um ca. 10° C ist unbedingt nötig. Die relative Luftfeuchtigkeit liegt bei 50-70%, nachts ansteigend. Die Tiere werden zweimal wöchentlich getränkt, zusätzlich können sie täglich Sprühwasser aufnehmen. Chamaeleo johnstoni frißt alle Arten an üblichen Futtertieren. Der Nahrungsbedarf ist sehr gering.

Die klimatischen Bedingungen der Heimat von Chamaeleo johnstoni - des Hochlandes Zentralafrikas - legen den Schluß nahe, die Art vermehre sich ovovipar. Dies ist auch in der Literatur (KÄSTLE, 1972) angegeben. Tatsächlich legt Chamaeleo johnstoni jedoch 12-16 Eier von ca. 20 x 12 mm Größe ab, eine im Vergleich zu anderen Arten gewaltige Größe. Die Eier werden in Plastikdosen gezeitigt, die mit leicht feuchtem Vermiculit gefüllt sind, bei Temperaturen von konstant 22-23° C. Nach einer Entwicklungszeit von rund 100 Tagen schlüpfen die ca. 75 mm großen Jungtiere. Die Nachzuchttiere haben eine oliv- bis hellgrüne Grundfärbung mit schwarzer Fleckenzeichnung, die sehr der Färbung adulter Weibchen ähnelt. Sehr auffällig ist ein leuchtend weißer Fleck an beiden Seiten des Kopfes, der sich nahe der Mundspalte über Ober- und Unterkiefer erstreckt. Im Laufe des Wachstums verblaßt dieser Fleck allerdings zusehends. Nach ca. 8 Wochen sind die Jungtiere auf eine Länge von 80-85 mm (Weibchen) bzw. 82-92 mm (Männchen) herangewachsen. Vier Wochen nach dem Schlupf lassen sich die Geschlechter durch die Ausbildung der Hörner bei den männlichen Tieren unterscheiden.

Die Aufzucht von Chamaeleo johnstoni ist relativ problemlos bei Temperaturen von 22-25° C am Tage bzw. Absenkung auf 16° C in der Nacht und einer relativen Luftfeuchtigkeit von 60-80%. Die Jungtiere fressen bereits wenige Stunden nach dem Schlupf kleine Heimchen und Drosophila.

# Chamaeleo montium (BUCHHOLZ, 1874), Bergchamäleon

Das Bergchamäleon ist ein sehr hübsch aussehendes Tier, das leider zur Zeit noch selten bei uns gepflegt wird. Das Auffälligste bei den Männchen sind die beiden Hörner auf der Schnauzenspitze sowie das Rücken- und Schwanzsegel. Die Hörner erreichen bei adulten Tieren Längen von fast 20 mm. Der Helm ist flach, leicht ansteigend und abgerundet. Die Schuppen sind teils klein und flach, teils groß, rund und ebenfalls flach. Als Grundfärbung zeigen die Chamäleons ein helles bis dunkles Grün. Dabei erscheint oft an der Seite ein breites, von oben schräg nach hinten verlaufendes, helleres, oft gelblich-grünes Band. Die Weibchen haben anstelle der Hörner kleine Kegelschuppen, ihnen fehlen Rücken- und Schwanzsegel. Außerdem bleiben sie kleiner als die Männ-

**Als „Zweihorn-Drachen" präsentiert sich das Männchen des Bergchamäleons.**

chen. Mit fast 25 cm Gesamtlänge ist dieses Chamäleon schon recht groß.

Das Bergchamäleon kommt nur in Kamerun in Höhenlagen von 500-1200 m vor. Am Großen Kamerun-Berg ist es sehr zahlreich vertreten und lebt auch direkt an den Straßenrändern, zum Beispiel in Buea. Man findet es in Sträuchern, Bäumen, aber auch im sogenannten Elefantengras. Bei Regen und tagsüber entdeckt man es dagegen kaum, leicht aber morgens und abends, da es dann zum Sonnen einen offeneren Platz bevorzugt. Im Lebensraum dieses Chamäleons herrscht eine hohe relative Luftfeuchtigkeit.

Will man ein Weibchen des Bergchamäleons mit der Hand ergreifen, versuchen die Tiere normalerweise zuzubeißen. Anderenfalls lassen sie sich einfach vom Ast fallen und verschwinden dann blitzschnell im Unterholz oder bleiben bewegungslos im Gras liegen. Die Männchen können sich mit den Hörnern attackieren. Jedoch ist uns nicht bekannt, daß sie sich mit den Hörnern verletzt hätten. Die Weibchen bekämpfen sich ebenfalls untereinander. Deshalb sollte man Bergchamäleons immer einzeln halten. Es darf hier jedoch nicht verschwiegen werden, daß wir Pärchen fanden, die sich in nur ca. 10 cm Entfernung voneinander sonnten. Die Männchen halten sich relativ häufig am Boden auf, und es kann vorkommen, daß sie Gruben ausheben. Dort setzen sie sich hinein, und nur der Kopf schaut hervor.

Wenn die Weibchen nicht paarungswillig sind, zeigen sie dies dem Männchen durch eine dunkle, grüne Farbe mit noch dunkleren Bändern und Querwackeln an. Im Terrarium entfernen sie sich recht schnell möglichst weit vom Männchen. Falls das Weibchen jedoch paarungsbereit ist - dies kann ab dem siebten Lebensmonat sein - zeigt es eine leuchtend hell- oder dunkelgrüne Färbung. Außerdem bleibt es ruhig sitzen oder wandert nur sehr langsam von seinem Platz weg. Werbende Männchen sind am Kopf hellgrün mit grüngelben Flächen, die großen, runden Schuppen werden hellblau. Sie gehen mit dem Kopf wackelnd auf das Weibchen zu. Die Paarung erfolgt in der bei Chamäleons üblichen Weise und dauert etwa 4-20 Minuten. Es empfiehlt sich, die Tiere zur Paarung mehrere Tage hintereinander zusammenzusetzen, bis das Weibchen den Partner abweist.

Das Terrarium für die Bergchamäleons sollte nur an einer Seite und am Deckel Fliegendraht erhalten, denn die Tiere brauchen eine hohe Luftfeuchtigkeit. In der Nacht 100% und tagsüber 70% wären wünschenswert. Ein dreimaliges Überbrausen des Terrariums ist also notwendig. Temperaturen am Tage von 23-27 ° C und in der Nacht von 18 ° C bekommen ihnen am besten. Auch hier sollten wir zu hohe Temperaturen vermeiden. Eine Tropftränke ist angebracht.

An Futter kann man wieder alles Übliche anbieten. Unsere Tiere bekommen Grillen, Heuschrekken, Heimchen, Fliegen, Wachsmotten, Wachsmottenraupen und Schaben. Erwachsene Tiere kann man alle zwei Tage füttern, trächtige Weibchen und Jungtiere selbstverständlich täglich. Die Tiere trinken nach dem Überbrausen des Terrariums von den Blättern oder sie warten unter der Tränke auf die herabfallenden Tropfen.

Zwei Monate nach der Paarung setzt das Weibchen seine 5-8 Eier ab. Die Eiform kann sehr unterschiedlich sein, nämlich einmal länglich und beim nächsten Gelege oval. Der 10 cm hohe Bodengrund aus einem Sand-Erde-Gemisch muß feucht, aber nicht naß sein. Die Eier kommen in eine Klarsichtdose, die mit Vermiculit gefüllt ist. In einem Brutapparat bei 25 oder 26 ° C, mit einer Nachtabsenkung bis auf 16 ° C, dauert es nun dreieinhalb Monate, bis die Jungen schlüpfen. Die Kleinen haben dann eine Gesamtlänge von 5,5-6 cm. Die Aufzucht erfolgt einzeln in umgebauten Kaffeedosen. Als Bodengrund nimmt man Blähton und steckt etwas Grün hinein. Einige kleine Ästchen machen das Mini-Terrarium für das Jungtier wohnlich. Am Anfang gibt man ihnen Drosophila melanogaster, gut mit Mineralien eingepudert. Später wächst das Futter mit den Kleinen. Dreimal tägliches Sprühen ist notwendig. Zusätzlich sollte man immer wieder probieren, ob die Jungen nicht ihr Trinkwasser aus der Pipette annehmen. Schon nach kurzer Zeit kann man die Geschlechter unterscheiden, da sich die Hörner bei den Männchen schon früh ausbilden. Bei Temperaturen von 22-25 ° C tags und 18 ° C nachts entwickeln sich die Kleinen gut und werden nach 7-12 Monaten geschlechtsreif.

# Furcifer cephalolepis (GÜNTHER, 1880)

Furcifer cephalolepis ist eine der beiden von den Komoren bekannten Chamäleonarten. Die sehr eng mit Furcifer polleni verwandten Tiere erreichen eine Länge von maximal 18 cm (Männchen) bzw. 13 cm (Weibchen), wobei die meisten männlichen Exemplare nicht größer als 16,5 cm werden. Der Schwanz nimmt etwa 50-60% der Gesamtlänge ein. Die Grundfarbe ist ein sattes, leuchtendes, helles Grün, bei den Männchen ist ein weißer Lateralstreifen zu sehen, der bei weiblichen Tieren nur selten auftritt. In Erregung nimmt Furcifer cephalolepis auch gelbe und dunkelgrüne Farbtöne an. Die Körperbeschuppung ist gleichmäßig. An der Helmkante finden sich große Höckerschuppen, die an der Schnauzenspitze am größten sind. Bei den Männchen reichen diese Schuppen etwa 2 mm über die Schnauzenspitze heraus, bei den Weibchen erreichen sie diese nicht. Darüber hinaus erkennt man die Männchen leicht an der deutlich verdickten Schwanzwurzel.

Furcifer cephalolepis bewohnt die Komoreninsel Moroni, wo feuchtheißes Küstenklima vorherrscht. Dort besiedelt es dichtes Buschwerk und Sträucher. Die relative Luftfeuchtigkeit schwankt zwischen 60 und 100%, die Tagestemperaturen betragen 26-30 ° C mit einer Nachtabsenkung von 6-8 ° C.

Furcifer cephalolepis ist eine relativ lebhafte Chamäleonart mit einer stark ausgeprägten Aggressivität. Selbst wesentlich größere vermeintliche Feinde werden angegriffen, wenn sie sich zu sehr nähern. Nach dem morgendlichen Aufwärmen unter einem Spotstrahler wandern die Tiere fast den ganzen Tag auf der Suche nach Nahrung durch das Terrarium. Zur Unterbringung eignen sich Behälter ab einer Größe von L20 x T20 x H30 cm, die mit reichlich Klettergeäst sowie einem Ficus benjamini eingerichtet sind. Lüftungsflächen sind an einer Stelle und im Deckel des Behälters angebracht. Zum Aufwärmen dient ein 25-W-Strahler, der den Behälter auch auf die gewünschte Temperatur von 26-30° C bringt. Eine ausreichende Luftfeuchtigkeit erreichen wir durch zweimal tägliches Überbrausen des gesamten Behälters. Beleuchtet wird mit Leuchtstoffröhren 12-14 Stunden am Tag. Als Bodengrund dient ein Erde-Torf-Gemisch.

Gefüttert wird mit kleinen Heimchen, Schaben, Wachsmotten und deren Raupen und Drosophila. Eine besondere Vorliebe zeigt Furcifer cephalolepis für Stubenfliegen. Die Tiere werden einmal pro Woche getränkt, zusätzlich können sie jeden Tag Sprühwasser aufnehmen.

Die Zucht von Furcifer cephalolepis ist wiederholt gelungen und unter folgenden Bedingungen möglich: Um die Paarungsbereitschaft adulter Weibchen nicht zu versäumen, setzt man sie alle drei Tage zu einem Männchen. Das wird sofort mit der Werbung beginnen und sich dem Weibchen unter heftigem Kopfnicken nähern. Ist dieses nicht in Paarungsstimmung, nimmt es eine deutliche Warnfärbung an, dunkelgrüne Flecken am ganzen Körper und schwarzgrüne Töne am Kopf. Nähert sich das Männchen trotzdem, wird es vom Weibchen sofort gebissen. Ist das Weibchen jedoch paarungsbereit, bleibt es bei Annäherung des Männchens ruhig sitzen. Die Paarung selbst verläuft wie bei den anderen Arten bereits beschrieben und dauert nur 5 Minuten. Um viele befruchtete Eier zu erhalten, sollte man die Tiere möglichst oft zusammensetzen. Die Tragzeit beträgt 33-45 Tage, das Weibchen frißt dabei bis zum letzten Tag. Die 4-7 etwa 12 x 8 mm großen Eier werden am Ende eines selbstgegrabenen Ganges abgelegt. Der Gang wird anschließend wieder sorgfältig zugeschüttet.

Die Eier werden in luftdicht schließende Plastikschachteln gelegt, die mit feuchtem Vermiculit gefüllt sind, und dann in einem der handelsüblichen Inkubatoren bei einer Temperatur von 26-28° C gezeitigt.

Nach einer Zeitigungsdauer von 244-310 Tagen schlüpfen die nur 48 mm großen Jungtiere. Sie zeigen eine schmutzig weiß-beige Färbung mit grünen Flecken, die erst nach ca. 4 Monaten immer mehr der Färbung der adulten Tiere weicht. Das Wachstum der Jungen ist im Vergleich zu anderen Furciferarten sehr langsam, nach 180 Tagen messen sie gerade 80 mm.

Die Aufzucht erfolgt in Kleinstterrarien oder Plastikdosen mit Abmessungen von ca. L10 x T10 x H15 cm, die mit kleinen dünnen Ästen und einer Rankenpflanze ausgestattet sind. Die Temperaturen sollten am Tage maximal 26 ° C betragen, eine Nachtabsenkung um ca. 8 ° C ist unbedingt angeraten. Der Behälter wird einmal am Tage kurz überbraust.

Die Jungtiere sind sehr anfällig für Häutungsprobleme, daher müssen vor allem die Greiffüße bei jeder Häutung auf Rückstände kontrolliert werden, da sonst die betreffende Gliedmaße abgeschnürt wird, anschwillt und später abstirbt. Nachzuchttiere erreichen nach ungefähr einem Jahr die Geschlechtsreife.

**Herrlich türkisgrün zeigt sich das Männchen von Furcifer cephalolepis.**

# Furcifer lateralis (GRAY, 1831), Teppichchamäleon

Das Teppichchamäleon zählt wegen seiner bunten Färbung und seines lebhaften Verhaltens zu den Juwelen in unseren Terrarien. Diese Art läßt sich gut in Gefangenschaft halten und nachzüchten. In der Natur erreichen die Chamäleons ein Alter von einem Jahr. Bei artgerechter Haltung und Pflege erreichen die Tiere in Gefangenschaft leicht ein Alter von 2-3 Jahren, wobei aber die Weibchen ihr Fortpflanzungsverhalten nach dem 4.-6. Gelege einstellen und noch 1 Jahr weiterleben.

Das Teppichchamäleon hat einen dachförmigen, leicht erhöhten Helm. Die Körperbeschuppung ist gleichmäßig, mit vereinzelt eingestreuten Plattenschuppen. Am auffälligsten ist die Zeichnung, der das Chamäleon seinen deut-

**Ein weibliches Teppichchamäleon droht einem Männchen.**

schen Namen verdankt. Typisch für das Zeichnungsmuster ist der Lateralstreifen, der immer zu erkennen ist, sogar bei frisch geschlüpften Jungtieren. Weiterhin charakteristisch sind die ovalen Seitenflecken, hier variieren die Tiere sehr stark. Grundfarbe der Tiere kann grau, braun oder grün sein, der Seitenstreifen und die Seitenflecken heben sich aber farblich immer etwas ab. Am häufigsten haben die Tiere ein sehr variables, buntes Zeichenmuster mit leuchtend weißen Seitenstreifen. Allgemein gilt, daß die Weibchen bunter gefärbt sind als die Männchen. Die auffälligsten Färbungen haben die Weibchen, die in Paarungsstimmung oder trächtig sind. Die Chamäleons können eine Gesamtlänge von 25 cm erreichen. Unterarten sind nicht bekannt, wohl aber variieren die Tiere stark in Größe und Färbung je nach Fundort.

Ab dem 50. Lebenstag kann man den Geschlechtsunterschied, die stark verdickte Schwanzwurzel der Männchen, leicht erkennen. Mit einiger Erfahrung erkennt man bereits ab dem 14. Lebenstag an der Färbung das Geschlecht.

Furcifer lateralis ist in ganz Madagaskar, mit Ausnahme des Nordens und des Nordwestens, beheimatet. Als Lebensraum bewohnt es folgende Vegetationszonen: Regenwald, Trockenwald und feuchte Grassavannen. Sehr häufig findet man das Teppichchamäleon in Hecken und auf Wiesen. Das Klima zeichnet sich durch einen ausgeprägten Sommer-Winter-Rhythmus aus. Die Tageshöchsttemperaturen im Sommer liegen bei 26-30 ° C und im Winter bei 18-24 ° C. Die Tag-Nacht-Schwankungen betragen im Durchschnitt etwa 12 ° C.

Furcifer lateralis ist eine sehr aggressive Art. Sie kann nur einzeln, niemals mit artgleichen oder anderen Chamäleonarten zusammengehalten werden. Vertragen haben sich die Tiere mit Phelsumen und Nachtgeckonen. Erblickt ein Männchen ein Weibchen, läuft es sofort mit kopfnickenden Bewegungen auf das Weibchen zu. Ist das Weibchen nicht paarungsbereit, droht es dem Männchen und beißt dieses, sobald es sich weiter nähert. Meist lassen sich die Männchen davon nicht weiter beeindrucken, erst nach dem zweiten oder dritten Mißerfolg geben sie auf. Leider gibt es unter den Weibchen besonders aggressive Tiere, die das Männchen übel zurichten. Deshalb sollte man bei Paarungsversuchen immer dabei sein. Einige Männchen vergessen bei der Aufregung das Nicken und stürmen sofort auf das Weibchen los. Ist das Weibchen paarungsbereit, was man gut an der stark verminderten Aggressivität und der Färbung feststellen kann, so unterläßt es bei Annäherung des

**Ein Männchen von Furcifer lateralis klettert im Terrarium.**

Männchens jedes Drohverhalten. Es versucht nur langsam wegzulaufen, wird aber vom Männchen eingeholt. Die Tiere paaren sich, indem das Männchen seitwärts auf das Weibchen klettert und versucht, seine Kloakenöffnung unter die des Weibchens zu bringen. Die Kopulation dauert ca. 10-20 Minuten. Nach der Paarung verjagt das Weibchen das Männchen wieder. Es ist auch schon vorgekommen, daß ein Männchen versucht hat, ein Weibchen nach der Paarung zu beißen.

Die Unterbringung des Teppichchamäleon sollte in Terrarien der Größe L30 x T40 x H60 cm erfolgen. Belüftet werden die Terrarien durch ein kleines Gitter vorne und in der Oberseite, so daß keine Stickluft entstehen kann. Als Beleuchtung sollte man 50-W-HQL-Lampen verwenden, weil sie für das notwendige Licht und die notwendigen Temperaturen sorgen. Die Temperaturen schwanken tagsüber zwischen 23 und 32 °

C und nachts zwischen 15 und 25 ° C, wobei die Temperatur von 32 ° C nicht überschritten werden darf. Die relative Luftfeuchtigkeit sollte immer zwischen 60 und 100% liegen, dies erreicht man durch zweimal tägliches Übersprühen des gesamten Terrariums.
Furcifer lateralis hat einen sehr großen Nahrungsbedarf. Gefüttert wird am besten täglich und abwechslungsreich. Verfettungen sind uns nie bekannt geworden. Das Teppichchamäleon frißt Grillen, Drosophila, Stubenfliegen, kleine Wanderheuschrecken, Mehl- und Wachsmotten. Nur bei großem Hunger fressen die Tiere Mehlwürmer, Schaben und Mäusebabys. Absolutes Lieblingsfutter sind grüne Schaben. Die Tiere haben jeden Tag die Gelegenheit, Sprühwasser in Form von Tropfen aufzunehmen. Zusätzlich werden sie zweimal in der Woche mit der Pipette getränkt.
Nach einer Tragzeit von 30 bis 52 Tagen legen die Weibchen ihre Eier ab. Sie machen keinen Versuch, die Eier zu vergraben, sondern streuen sie einfach auf den Terrarienboden. Um Ausfälle zu vermeiden, ist es wichtig, daß keine Futtertiere im Terrarium verbleiben. In der Natur legen die Weibchen 4-5 Gelege vom 15. November bis 15. April mit 4-23 Eiern, die sie in 10 cm tiefe, selbstgegrabene Erdröhren legen (BLANC & BLANC, 1971). Bereits 14 Tage nach der Eiablage verpaaren sich die Weibchen wieder. Die Eier müssen sofort aus dem Terrarium entfernt und in einen üblichen Zeitigungsbehälter, gefüllt mit leicht feuchtem Vermiculit, überführt werden. Eine kühle Phase ist der Auslöser für die Entwicklung der Eier. Die folgenden Zeitigungstemperaturen führten bei uns immer zum Schlupf der kleinen Chamäleons und zu einem nahezu gleichen Geschlechtsverhältnis: während der ersten 45 Tage 25 ° C, dann 40 Tage 10-15 ° C (kühler Keller), dann sollten die Temperaturen bis zum Schlupf 27-28 ° C betragen. Etwa 100 Tage nach dem Ende der kühlen Phase schlüpfen die Nachzuchttiere. Die Zeitigungsdauer betrug bei uns zwischen 154 und 378 Tagen. Die Aufzucht der Jungtiere ist problemlos. Bei Temperaturen von ca. 25 ° C ist das Wachstum enorm. Nach 4-6 Monaten sind die Tiere geschlechtsreif.

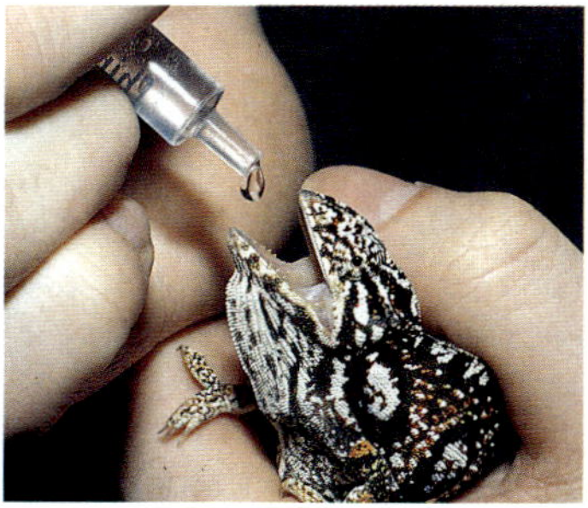

**Auch per Hand lassen sich Chamäleons tränken.**

# Furcifer pardalis (CUVIER, 1829), Pantherchamäleon

Das Pantherchamäleon stellt die heute am häufigsten nachgezüchtete Chamäleonart dar. Alleine einem Autor gelang 1988 die Nachzucht von 105 Jungtieren. Wegen ihrer Robustheit empfiehlt sich diese Art besonders für den noch nicht so erfahrenen Chamäleonpfleger. In der Gefangenschaft erreichen die Tiere ein Lebensalter von etwa 4 Jahren, hingegen werden sie in der Natur nur etwa 2 Jahre alt.

Der Rückenkamm besteht aus großen, dicht hintereinander stehenden Stachelschuppen, die nach hinten immer kleiner werden. Auch der Kehlkamm ist mit Stachelschuppen besetzt. Die Schnauzenoberseite ist durch große Schuppen nach den Seiten und nach vorne deutlich vergrößert. Innerhalb seines großen Verbreitungsgebietes haben sich so

**Mit aufgerissenem Maul droht das Männchen von Furcifer pardalis.**

viele unterschiedliche Farbvarianten herausgebildet, daß eine Beschreibung den Rahmen des Buches sprengen würde. Die am häufigsten gehaltene Form ist die Farbvariante von Nosy Bé. Jungtiere sind grau oder braun gefärbt. Erst nach 6-9 Monaten verlieren sie die Jugendfärbung, wenn sie geschlechtsreif werden. Alle Tiere haben einen Lateralstreifen aus unterschiedlich großen, ovalen Flecken, der sich farblich immer etwas abhebt. Die adulten Männchen erkennt man leicht an der verdickten Schwanzwurzel. Darüber hinaus sind sie meist größer und auffälliger gefärbt als die Weibchen. Die Männchen können eine Größe von 52 cm erreichen und die Weibchen eine Größe von 35 cm. Meist bleiben die Tiere aber kleiner.

Das Verbreitungsgebiet umfaßt den Norden und Osten Madagaskars, die vorgelagerten Inseln Nosy Bé und Nosy Boraha, die Gegend um Fort Dauphin und die Inseln Mauritius und Réunion. Auffallend ist, daß die Tiere immer nur Küstengebiete mit feuchtheißem Klima besiedeln. Für das gesamte Verbreitungsgebiet gilt, daß es einen Sommer-Winter-Rhythmus mit einer großen Regenzeit im Südsommer von November bis März gibt. Die Tagesdurchschnittstemperaturen betragen 22-28 ° C, die Tageshöchsttemperaturen erreichen im Südsommer etwa 25-40 ° C, und der Tag-Nacht-Unterschied beträgt etwa 6 ° C im Mittel. Die relative Luftfeuchtigkeit schwankt zwischen 70 und 100%. Das Pantherchamäleon scheint kein besonderes Biotop zu bevorzugen. Die Tiere leben auf Bäumen, im Gebüsch und auf Palmen. Häufig findet man sie in der Nähe von menschlichen Siedlungen, in Gärten und an Feldrändern. Wälder meiden sie. Wenn innerhalb des Verbreitungsgebietes Wälder gerodet werden, besiedelt sofort das Pantherchamäleon diese Stellen. Die anderen bisher dort lebenden Chamäleonarten werden verdrängt.

Furcifer pardalis ist eine sehr lebhafte und nervöse Chamäleonart. Die Aggressivität ist sehr stark ausgeprägt, so daß nur eine Einzelhaltung möglich ist.

Zur Paarung setzt man das Weibchen ins Terrarium zum Männchen, oder man läßt die Tiere frei im Zimmer umherlaufen. Erblickt das Männchen das Weibchen, hellt es seine Grundfärbung auf und die Streifenzeichnung tritt besonders leuchtend hervor. Es nähert sich nickend und präsentiert ihm seine abgeflachte Seite. Ist das Weibchen nicht paarungsbereit, reißt es beim Anblick des Männchens sofort das Maul auf und macht mit dem Körper vorschnellende Bewegungen in seine Richtung. Das Männchen bricht daraufhin meist seine Annäherungsversuche ab. Ist das Weibchen paarungsbereit, was man auch gut am Verhalten gegenüber dem Pfleger erkennen kann, da es jede aggressive Handlung unterläßt, so reagiert es auf das Männchen ohne jede Abwehr. Während sich das Männchen langsam nähert, versucht das Weibchen davonzulaufen oder sich zu verstecken. Das Männchen nähert sich kopfnickend und klettert dann von hinten auf das Weibchen. Dieses verhält sich währenddessen ganz ruhig und drückt sich platt auf den Gegenstand, auf dem es gerade sitzt. Wenn das Männchen alle vier Füße am Körper oder an den Beinen des Weibchens festgeklammert hat, macht es einige ruckartige Bewegungen, woraufhin das Weibchen seinen Schwanz etwa 3 cm hoch anhebt. Das Männchen kann nun seinen Schwanz unter den des Weibchens bringen. Die Kopulation dauert ca. 10 Minuten. Die Paarungsbereitschaft der Weibchen hält etwa 3 Tage an. Danach verhalten sie sich besonders aggressiv und sind sehr futtergierig. Man darf die Tiere nur zur Paarung und nur für die Dauer der Paarung zusammensetzen. Auch sollte man ständig anwesend sein, um Beißereien verhindern zu können. Besonders junge Männchen sind recht ungestüm und unerfahren, so daß es leicht passieren kann, daß das Weibchen eine Beißerei anfängt. Besonders bemerkenswert ist das Fluchtverhalten des Pantherchamäleons: Es versucht durch ziellose Sprünge, sich einem Ergreifen zu entziehen.

Wegen der Lebhaftigkeit darf das Terrarium nicht zu klein bemessen sein. Für ein ausgewachsenes Männchen reicht eine Größe von L50 x T50 x H120 cm und für ein Weibchen etwa L40 x T50 x H80 cm, wobei aber hier bestimmt eine Bodenschicht von 15 cm Höhe zur Eiablage vorhanden sein muß. Furcifer pardalis ist ein Sonnenanbeter, deshalb muß für eine gute Beleuchtung unbedingt gesorgt sein. Die Tagestemperaturen sollten etwa 28 ° C betragen. Für eine ausreichende Belüftung sorgen ein Gitter vorne oder an der Seite und ein Gitter oben, so daß keine Stickluft entstehen kann. Das Pantherchamäleon eignet sich besonders zur freien Haltung auf der Fensterbank, in Gewächshäusern und in Wintergärten.

Furcifer pardalis frißt alle üblichen Futterinsekten und Babymäuse. Auf eine regelmäßige Futteraufnahme ist dringend zu achten. Ein oft grundloser „Freßstreik" wird manchmal durch das Anbieten eines grünen Futtertieres beendet. Vorsicht, besonders die Weibchen stellen gern kleinen Echsen nach! Getränkt werden die Tiere zweimal wöchentlich mit der Pipette. Zusätzlich können die Tiere jeden

Farbvarianten: Furcifer pardalis von Diego Suarez, unten von St. Marie.

Pantherchamäleon aus Maroansetra, unten ein Tier von Nosy Bé.

Tag Sprühwasser aufnehmen. Ein Großteil der Chamäleons lernt recht schnell, auch aus einer Wasserschale zu trinken.
Etwa 31 bis 45 Tage nach der Paarung legt das Weibchen seine 12-46 Eier am Ende eines bis auf den Boden des Terrariums reichenden, selbstgegrabenen Ganges ab. Anschließend verschließt es den Gang wieder sorgfältig. Etwa 14 Tage später ist das Weibchen wieder paarungsbereit, was man an einer etwas veränderten Färbung und der verminderten Aggressivität feststellen kann. Es hat sich bewährt, etwa ab dem zehnten Tag nach der Eiablage, wenn das Weibchen wieder in einem guten Zustand ist, alle 3 Tage zu versuchen, die Tiere zusammenzusetzen.
Die Eier müssen sofort aus dem Terrarium entnommen werden. Gezeitigt werden sie bei 28 ° C in leicht feuchtem Vermiculit. Nach 159-323 Tagen schlüpfen die Jungtiere. Ihre Aufzucht bereitet keine Schwierigkeiten. Das Wachstum ist stark von einer ausreichenden Flüssigkeitsversorgung, hochwertigem Futter und hohen Temperaturen abhängig. In der ersten Zeit sollten die Temperaturen 25 ° C betragen, aber bereits nach 2 Monaten können sie 28 ° C erreichen.

# Brookesia minima (BOETTGER, 1893)

Brookesia minima ist die kleinste bekannte Chamäleonart und eines der kleinsten Reptilien überhaupt. Bei Brookesia minima gelang die Nachzucht ohne Entnahme der Eier aus dem Terrarium und ohne besondere Zeitigungsmethoden. Das Lebensalter beträgt 2 Jahre.
Die Körperform ist walzenartig, wobei der Kopf sich nicht deutlich vom Körper absetzt. Die Schnauze ist sehr kurz und steil abwärts gerichtet. Die Beschuppung ist unregelmäßig. Über den ganzen Körper verlaufen wellig gekrümmte Längsreihen von kleinen Runzeln, besonders der Helm ist grob gerunzelt. Den Rücken entlang läuft beidseitig je eine Reihe kleiner Stacheln, die sich am Schwanz langsam auflösen. Die Grundfärbung ist sehr variabel; die Tiere können grüne, braune und graue Farbtöne annehmen. Die Zeichnung besteht häufig aus Längsstreifen. Selten haben die Tiere ein einfarbiges oder flech-

tenähnliches Farbkleid. Häufig ist die Helmfront leuchtend beige gefärbt. Unser größtes Weibchen maß 33 mm, das größte Männchen 28 mm. Frisch geschlüpfte Jungtiere haben eine Größe von 14,5-15,5 mm. Die Männchen sind leicht mit Hilfe einer Lupe an der verdickten Schwanzwurzel zu erkennen. Außerdem sind sie kleiner und im Körperbau wesentlich flacher als die Weibchen.

Brookesia minima bewohnt nur Nosy Bé, eine kleine, nordwestlich vor Madagaskar gelegene Insel. Als Lebensraum bewohnen die winzigen Erdchamäleons die Laubschicht der kleinen Restbestände von Urwäldern. Dort bevorzugen sie lichtes Unterholz auf hartem Boden. Auf Nosy Bé herrscht feuchtheißes Küstenklima. Temperaturen und Luftfeuchtigkeit sind so zu wählen wie für die Pflege von Furcifer pardalis. Wichtig ist, daß die Temperaturen im natürlichen Biotop am Boden niedriger sind und die Luftfeuchtigkeit höher ist, als aus den Klimadaten ersichtlich wird.

Die innerartliche Aggressivität ist nur schwach ausgebildet. So konnten zwischen Männchen vereinzelt Drohgebärden beobachtet werden. Auf keinen Fall kann man mehrere Männchen miteinander vergesellschaften. Hingegen haben sich Gruppen von einem Männchen und mehreren Weibchen in einem „großen" Terrarium immer gut vertragen. Auch die Nachzuchten sind untereinander sehr unverträglich, so daß man sie nur einzeln in Kleinstterrarien aufziehen kann.

Das Balzverhalten von Brookesia minima ist sehr ausgeprägt und unterscheidet sich stark von dem der anderen Chamäleonarten. Das Männchen umwirbt das Weibchen mit Kopfnicken und ruckenden Bewegungen. Ist das Weibchen nicht paarungsbereit, macht es einige heftige Seitwärtsbewegungen, woraufhin das Männchen die Balz abbricht. Ist das Weibchen jedoch paarungsbereit, läuft es den ganzen Tag zusammen mit dem Männchen durch das Terrarium. Nach einiger Zeit heftigen Umwerbens klettert das Männchen auf den Rücken des Weibchens und läßt sich im Terrarium umhertragen. Dieses Verhalten erinnert stark an das Umklammern bei den Fröschen und Kröten. Am Ende des Tragens steht immer die Paarung, die spätabends oder nachts stattfindet. Dabei schiebt das Männchen seinen Schwanz unter den des Weibchens, ohne ihn dabei abzuwinkeln. Die eigentliche Kopulation dauert bis zu einer halben Stunde. Ungeklärt ist noch die Frage, wozu der leuchtende Fleck auf der Stirn dient. Es wäre möglich, daß er zur innerartlichen Kommunikation oder zum Anlocken von Insekten dient.

Brookesia minima ist mit 3 cm die kleinste Chamäleonart.

Auch Brookesia peyrierasi hat bequem auf einem Streichholz Platz.

Trotz ihrer Winzigkeit benötigen die Erdchamäleons ein geräumiges Terrarium. Als günstig erwiesen sich Terrarien mit einer Kantenlänge von 40 cm für eine Gruppe von 1,2 adulten Tieren. Beleuchtet werden die Terrarien mit einer Leuchtstoffröhre. Strahler und direkte Sonneneinstrahlung werden von den Tieren gemieden. Die benötigte relative Luftfeuchtigkeit von 80-100% erreicht man durch sehr häufiges Übersprühen des gesamten Terrariums und durch kleine Lüftungsflächen. Die Temperaturen sollten tagsüber zwischen 23 und 25° C schwanken, wobei aber 25° C nicht überschritten werden sollten. Die Tag-Nacht-Absenkung sollte 6° C betragen. Der Bodengrund sollte aus Gartenerde oder Lehm bestehen. Auf keinem Fall darf man Lecatonkugeln (Hydrokultur) verwenden, weil an den trockenen Kugeln die Zungen der kleinen Chamäleons hängen bleiben können und die Tiere elendig sterben. Bei der Einrichtung muß eine Laubschicht oder eine entsprechende Imitation immer vorhanden sein. Die Imitation kann aus Rinden- und Korkstücken, die auf dem Boden gehäuft sind, bestehen. Die sonstige Ausstattung der Terrarien besteht aus vielen dünnen Ästen und einigen kleinen Rankenpflanzen.

Das wohl schwierigste Thema bei der Haltung von Brookesia minima ist die Ernährung. Adulte Tiere fressen kleine Drosophila, Blattläuse, weiße Fliegen, Springschwänze und alles, was sich an Kleinstinsekten in einem Terrarium befindet. Kleine Heimchen sollte man besser nicht verfüttern, da diese nach wenigen Tagen die Erdchamäleons als Futter betrachten könnten und auch den Eiern nachstellen. Alle Futtertiere müssen wegen der doch recht einseitigen Kost häufig und in kleinen Mengen gut eingestäubt mit Korvimin ZVT verfüttert werden. Ihren Wasserbedarf decken die Chamäleons ausschließlich durch Auflecken von Sprühwasser. Als Futter für die etwa 15 mm großen Nachzuchten eignen sich nur junge Blattläuse und junge Springschwänze, die immer in großen Mengen im Aufzuchtbehälter vorhanden sein müssen.

Wegen der Winzigkeit der Tiere muß man sie für die Zucht paar-

**Brookesia minima bei der Balz.**

weise oder in Gruppen von 1,2 halten. Die frisch gelegten Eier haben eine Größe von ca. 2,5 x 1,5 mm. Es wird jedem einleuchten, daß es sehr schwierig sein dürfte, die Eier im Terrarium zu finden. Deshalb ist es unumgänglich, die Bodenbedingungen im Terrarium so zu gestalten, daß sich die Eier ohne unser Dazutun entwickeln. Wichtigste Voraussetzung ist ein Feuchtigkeitsgefälle im Bodengrund, so daß sich die Tiere eine Stelle mit geeigneter Substratfeuchte für die Eiablage aussuchen können. Wir setzen dafür einen doppelten Boden schräg ins Terrarium, auf den ca. 3 cm hoch sterile Gartenerde gelegt wird. Zwischen einer beobachteten Paarung und einem damit im Zusammenhang stehenden Schlupf lagen etwa 4 Monate. Die im Terrarium geschlüpften Nachzuchttiere müssen sofort entfernt werden und einzeln in Kleinstterrarien aufgezogen werden. Die Tagestemperatur sollte etwa 22° C betragen.

Eine gemeinsame Aufzucht mehrerer Jungtiere, auch in größeren Terrarien, ist nicht möglich. Die innerartliche Aggressivität ist stärker ausgeprägt als bei den adulten Tieren. Jeden Tag werden die Kleinstterrarien zweimal übersprüht und wenn nötig, neue Springschwänze hineingegeben.

# Brookesia stumpfii (BOETTGER, 1894)

Brookesia stumpfii ist die heute am häufigsten gehaltene und nachgezogene Erdchamäleonart. Wir selbst ziehen sie bereits in der zweiten Generation nach. Die Chamäleons erreichen ein maximales Lebensalter von 3-4 Jahren.

Brookesia stumpfii hat einen walzenförmigen Körper, der mit kleinen Stachelschuppen übersät ist. Auf dem Rücken sind paarweise große, flache Stacheln angeordnet, die nach den Seiten gerichtet sind. Der Helm ist flach gewölbt und am Hinterkopf und über den Augen mit größeren Stacheln besetzt. Von weitem wirkt das Tier wie ein verdörrtes Blatt. Die Grundfärbung ist braun, aber auch rötlich oder sogar olivgrün, sie kann sich je nach Stimmungslage aufhellen oder verdunkeln. Während der Paarungszeit zeigen die Männchen ein flechtenartiges Zeichenmuster mit braunen, grau-

en und grünen Farbtönen. Brookesia stumpfii erreicht eine maximale Größe von fast 10 cm.
Das Erdchamäleon bewohnt den Norden und den Nordwesten Madagaskars sowie die vorgelagerte Insel Nosy Bé. Das Biotop umfaßt die Laubschicht und das niedrige Gebüsch der Urwälder, teilweise dringt diese Art auch in verwilderte Kaffeeplantagen vor. Allgemein herrscht im Verbreitungsgebiet feuchtheißes Küstenklima. Die Tagestemperaturen betragen im Durchschnitt 23-28 ° C. Die Tageshöchstwerte sind im Südsommer enorm, die Temperaturen im natürlichen Biotop sind aber niedriger.
Die innerartliche Aggressivität ist, wie Versuche in der letzten Zeit zeigten, sehr stark ausgeprägt. So wird ein Artgenosse nicht wie bei anderen Chamäleons durch ein neutrales Nicken, sondern sofort durch Mauldrohen und Vor- und Zurückschaukeln begrüßt. Erst nach einiger Zeit überprüfen zumindest die Männchen die Geschlechtszugehörigkeit des anderen Erdchamäleons. Ist das andere auch ein Männchen, kann es zu einer Beißerei kommen, in der die Rangordnung ausgemacht wird. Wird das andere Erdchamäleon als Weibchen erkannt, was unter Umständen Stunden dauern kann, unterläßt das Männchen jedes Drohverhalten. Es verliert nun meist die braune Färbung und zeigt ein flechtenartiges Muster. Unter Kopfnicken und ruckenden Bewegungen verfolgt es das Weibchen. Nach kurzer Zeit erkennt das Männchen, ob das Weibchen paarungsbereit ist oder nicht. Im letzteren Fall bricht es das Werben ab. Danach konnten keine neuen Drohverhaltensweisen gegenüber dem Weibchen beobachtet werden. Als Abwehrreaktion von nicht paarungsbereiten Weibchen konnte wiederholt ein Kopfwackeln beobachtet werden. Ab der Eiablage und manchmal auch schon vorher laufen die Männchen nur noch in Balzfärbung hinter dem Weibchen her. Man sieht nun die Tiere den ganzen Tag nahe beieinander sitzen. Die Männchen versuchen immer wieder, die Weibchen zu begatten, ihre Bemühungen sind aber erst gegen Abend erfolgreich. Vor der eigentlichen Kopulation läuft das Männchen ruckend und kopfnickend um das Weibchen herum und hält immer Körperkontakt, schließlich klettert es von hinten auf. Die Kopulation dauert ca. 10 Minuten.
Man hält die Erdchamäleons einzeln in Terrarien der Mindestgröße L20 x T30 x H30 cm. Die Lüftungsgitter sollten nicht zu groß gewählt sein, damit die relative Luftfeuchtigkeit nicht zu stark absinkt. Es darf aber auch keine Stickluft entstehen. Die Temperaturen sollten tagsüber 23-28 ° C und nachts

**Brookesia stumpfii ähnelt einem vertrockneten Blatt.**

17-20 ° C betragen. Mehrmaliges tägliches Überbrausen des gesamten Terrariums ist notwendig. Bei der Einrichtung muß man unbedingt für viele geschützte Versteckplätze in Form einer Laubschichtimitation aus zerbrochener Korkplatte sorgen.

Brookesia stumpfii frißt alle üblichen Futterinsekten bis zu einer Größe von etwa 1 cm. Besonders beliebt sind Stubenfliegen und frisch geschlüpfte Heuschrecken. Die günstigste Fütterungszeit ist der Morgen, wenn die Tiere aktiv durchs Terrarium laufen und nach Futter suchen. Die Erdchamäleons erhalten soviel Futter wie sie wollen. Überzählige Futtertiere sollten keinesfalls im Terrarium verbleiben, da sie den Eiern nachstellen. Es erfordert einige Beobachtungen, die richtige Futtermenge abzuschätzen. In jedem Terrarium sollte ein kleines Schälchen mit Sepiastücken oder Kalzan D3 zur Deckung des Kalkbedarfs vorhanden sein. Es konnten wiederholt Tiere bei der Kalkaufnahme beobachtet werden. Das Trinkbedürfnis wird ausschließlich durch Auflecken von Sprühwasser gedeckt. Viele Erdchamäleons tranken auch sehr gerne aus Blattachseln, wie sie zum Beispiel Bromelien besitzen.

Etwa 40 Tage nach der Paarung legt das Weibchen 2-5 Eier. Meist hält es sich bereits einige Tage vor der Ablage nur noch auf dem Boden auf und sucht nach einem idealen Eiablageplatz. Als günstig hat es sich erwiesen, das Weibchen etwa 14 Tage nach der Eiablage zusammen mit einem Männchen in ein sehr großes, mit vielen Verstecken ausgestattetes Terrarium zu setzen und die Tiere solange zusammen zu pflegen, bis man entweder eine Paarung beobachtet hat oder sieht, daß das Weibchen wieder trächtig ist. Die Paarung findet meist 20-40 Tage nach der Eiablage statt. Die Eier müssen sofort aus dem Terrarium entnommen werden und in eine kleine, mit stark angefeuchtetem Vermiculit gefüllte Dose überführt werden. Gute Schlupfergebnisse erzielt man, wenn man die Eier bei schwankenden Zimmertemperaturen zwischen 18 und 22 ° C zeitigt. Die Jungtiere schlüpfen nach etwa 50-60 Tagen. Wärmer als 25 ° C gezeitigte Eier entwickelten sich nicht vollends. Auffallend war, daß wir nur Nachzuchten mit einer Inkubationszeit von mehr als 45 Tagen bis zur Geschlechtsreife heranziehen konnten. Die Aufzucht der Jungtiere ist problemlos. Als erstes Futter sind Springschwänze (ca. 1 Woche) unumgänglich, zusätzlich sollten aber bereits Blattläuse und Drosophila angeboten werden. Die ideale Aufzuchttemperatur liegt bei etwa 22 ° C, wobei Temperaturen von 28 ° C und mehr sich als tödlich erwiesen haben.

# Literaturverzeichnis


**Altevogt, R. und R. Altevogt (1954)** Studien zur Kinematik der Chamäleonzunge, Z. vergl. Physiol. 36: 66-77

**Angel, F. (1942)** Les Lézards de Madagascar. Memoires de L'académie, Malagache XXXVI

**Atsatt, S. R. (1953)** Storage of sperm in the female Chameleon, Microsaura pumila pumila. Copeia 59

**Benzien, J. (1954)** Einiges über Chamaeleon fischeri matschiei. DATZ VII,11: 295-298

**Blanc, F. (1970a)** Contribution á l'etude de la croissance postembryonnaire de Chamaeleo lateralis Gray, 1831. Ann. Univ. Madagascar, Tananarive, (Sci) 7: 321-343

**Blanc, F. (1970b)** Le cycle reprodcteur chez la femelle de Chamaeleo lateralis Gray, 1831. Ann. Univ. Madagascar Sér. Sci. 7: 345-358

**Blanc F. et Ch. Blanc (1971)** Élévage de Chamaeleo lateralis. C.R. Soc. Herp. France, Paris, 1: 30-34

**BNA (1987)** Das neue Artenschutzrecht. BNA-Handbuch, Köln

**Böhme, W. (1982)** Ein neues Chamäleon aus Tanzania, mit Bemerkungen über Mimese bei Echsen. Bonn, zool. Beitr. 33, Heft 2-4: 349-361

**Böhme, W. und C. Klaver (1981)** Zur innerartlichen Gliederung und zur Artgeschichte von Chamaeleo quadricornis. Amphibia-Reptilia 3/4: 313-328

**Bourgat, R. M. (1968)** Comportement de la femelle de Chamaeleo pardalis Cuvier, 1829 aprés l-accouplement. Bull. Soc. zool. Fr. 93: 355-356

**Bourgat, R. M. (1970)** Recherches écologiques et biologiques sur le Chamaeleo pardalis Cuvier, 1829 de l'ile de la Réunion et de Madagascar. Bull. Soc. zool. Fr. 95: 259-269

**Bourgat, R. M. (1971)** Vie en captivité des caméléons malgaches. Aquarana 5: 41-44

**Brygoo, E. R. (1971)** Reptiles Sauriens Chamaeleonidae. Genre Chamaeleo. Faune de Madagascar 33: 1-318, Orstom et CNRS, Paris

**Brygoo, E. R. (1978)** Reptiles Sauriens Chamaeleonidae. Genre Brookesia et complément pour la genre Chamaeleo. Faune de Madagascar 47: 1-173 Orstom et CNRS, Paris

**Burrage, B. R. (1973)** Comparative ecology and behaviour of Chamaeleo pumilus pumilus and Chamaeleo namaquensis (Sauria: Chamaeleonidae). Ann. S. Afr. Mus. 61: 1-158

**Bustard, H. R. (1958)** Use of horns by Chamaeleo jacksonii. Br. J. Herpet. Z. 105-107

**Cooper, J. E. and O. F. Jackson (eds.) (1981)** Diseases of the Reptilia, Vol. 1+2, London, New York, Toronto, Sydney, San Francisco, Academic Press

**Daiss, S. (1978)** Haltung und Aufzucht von Chamaeleo hoehnelii. Aquar.- und Terrar.-Z. Stuttgart 31: 64-67

**Dischner, H. (1958)** Zur Wirkungsweise der Zunge bei Chamäleons. Natur und Volk 9: 320-324

**Eggers, J. (1963)** Chamaeleo basiliscus: Terrarienaufzucht in zweiter Generation. DATZ 16: 242-246

**Fischer, J. v. (1882)** Das Chamäleon (Chamaeleo vulgaris), sein Fang und Versand, seine Haltung und seine Fortpflanzung in der Gefangenschaft. Zool. Garten 23: 70-82

**Fitzsimons, V. F. (1943)** The lizards of South Africa. Trans. Mus. Men. 1, XV: 1-528

**Flower, S. S. (1925)** Contributions to our knowledge of the duration of life in vertebrats animals III Reptiles, Proc. Zool. Soc., London 911-981

**Francke, H. (1963 und 1964)** Probleme der Haltung und Zucht von Chamäleons. DATZ 16: 344-346 und 374-377, DATZ 17: 23-25 und 54-56

**Friederich, U. (1985)** Beobachtungen an Rhampholeon kerstenii kerstenii im Terrarium. Salamandra, Bonn, Band 21, Heft 1: 40-45

**Friederich U. und W. Volland (1981)** Futtertierzuchten. Verlag Eugen Ulmer, Stuttgart

**Frisch, O.v. (1962)** Zur Biologie des Zwergchamäleons (Microsaurus pumilus). Z. Tierpsychol. 19: 276-289

**Heinecke, S. (1989)** MS, Reise ins Kivu, DATZ

**Hillenius, D. (1959)** The differentiation within the genus Chamaeleo Laurenti, 1768. Beaufortia 8,(89): 1-92

**Hillenius, D. (1963)** Comparative cytology: aid and new complications in Chamaeleon- taxonomy. Beaufortia 9,(108): 201-218

**Ippen, R., H.-D. Schröder und K. Elze (1985)** Handbuch der Zootierkrankheiten, Band 1 Reptilien, Akademie Verlag, Berlin

**Isenbügel, E. und W. Frank (1985)** Heimtierkrankheiten, Verlag Eugen Ulmer

**Kästle, W. (1967)** Soziale Verhaltensweisen von Chamäleonen aus der pumilus bitaeniatus-Gruppe. Z. Tierpsychol., Hamburg 24: 313-341

**Kästle, W. (1972)** Echsen im Terrarium. Franckh-sche Verlagshandlung Stuttgart

**Kästle, W. (1982)** Schwarz vor Zorn, Farbwechsel bei Chamäleons. Aquarien Magazin, Stuttgart

**Klaver, CH. J. J. (1981)** Chamaeleonidae. Chamaeleo chamaeleon (Linnaeus, 1758), Gemeines oder gewöhnliches Chamäleon. In: Handbuch der Reptilien und Amphibien Europas ed.: W. Böhme, I: 217-238

**Klaver, Ch. J. J. und W. Böhme (1986)** Phylogeny and classification of the Chamaeleonidae (Sauria) with special reference to hemipenis morphology. Bonn zool. Monogr., 22: 1-64

**Klingelhöffer, W. (1957)** Terrarienkunde III. Teil: Echsen. Stuttgart

**Krintler, K. (1977)** Nachwuchs bei Helmchamäleon. DATZ 30: 352-354

**Leptien, R. (1988)** Haltung und Nachzucht von Furcifer polleni. Salamandra, Bonn, Band 24 (2/3): 81-86

**Lin, J. and C. E. Nelson (1981)** Comparative Reproductive Biology ot Two Sympatric Tropical Lizards. Amph.-Rep. 3/4: 287-311

**Loveridge, A. (1957)** Check list of the Reptiles and Amphibians of East Africa. Bulletin of the Museum of Comerativa Zoology, Cambridge: 153-360

**Matz, G. und M. Vanderhaege (1980)** BLV Terrarienführer, BLV-Verlagsgesellschaft, München, Wien, Zürich

**Mertens, R. (1946)** Die Warn- und Drohreaktionen der Reptilien. Abh. senckenb. naturforsch. Ges. 471: 1-108

**Mertens, R. (1951)** Brookesia stumpffi, ein madagass. Zwergchamäleon, in Gefangenschaft. DATZ 4: 329-330

**Mertens, R. (1966)** Chamaeleonidae. Das Tierreich 83: 1-37

**Nietzke, G. (1978)** Die Terrarientiere 1 und 2. Verlag Eugen Ulmer Stuttgart

**Oeser, R. (1961)** Chamäleonpflege I-III. DATZ 14: 53-56, 91-94 und 116-117

**Parcher, St. R. (1974)** Observations of the natural histories of six Malagasy Chamaeleontidae. Z. Tierpsychol. 34: 500-523

**Petzold, H. G. (1973)** Das Geheimnis der Chamäleonzunge. Forschende Kamera, Urania 49 (11): 14-16

**Petzold, H. G. (1982)** Aufgaben und Probleme bei der Erforschung der Lebensäußerungen der Niederen Ammionten (Reptilien). Berliner Tierpark Buch Nr. 38, Nachdruck aus Milu Bd. 5 (4/5): 485-786

**Podloucky, R. (1987)** Das neue Artenschutzrecht und seine Folgen für die Amphibien- und Reptilienhaltung. herpetofauna 9 (50), Weinstadt: 9-16

**Ravet J. (1948)** Atlas climatographique de Madagascar. Publ. Serv. météorologique Madagascar, Antananarivo, 10: 1-96

**Schifter, H. (1965)** Erfahrungen mit einem Pantherchamäleon. Zool. Garten 30 (3/4): 179-181

**Schifter, H. (1971)** Familie Chamäleons. In: Grzimeks Tierleben, Bd. VI: 229-245

**Schmidt, W. (1984)** Springschwanzzuchten. Der kleine Tip, Sauria 6 (3): 11

**Schmidt, W. (1985)** Chamaeleo lateralis. Beilage zur Sauria, Amph./Rept.-Kartei: 41-42 Berlin W. 7 (4)

**Schmidt, W. (1986a)** Brookesia stumpffi. Beilage zur Sauria, Amph./Rept.-Kartei: 41-42 Berlin W. 8 (2)

**Schmidt, W. (1986b)** Über die Haltung und Zucht von Chamaeleo lateralis (Gray, 1831). Salamandra, Bonn, 22 (2/3): 105-112

**Schmidt, W. (1987)** Bemerkungen über das Pantherchamäleon. herpetofauna, Weinstadt, 9 (47): 21-24

**Schmidt, W. (1988)** Zeitigungsversuche mit Eiern des madagassischen Chamäleons Furcifer lateralis (Gray, 1831). Salamandra, 24 (2/3): 182-183

**Schmidt, W., F. W. Henkel und W. Böhme (1989)** Zur Haltung und Fortpflanzungsbiologie von Brookesia stumpffi (Boettger, 1894). Salamandra, Bonn Band 25 (1)

**Schmidt, W. und K. Tamm (1987)** Nachzucht vom Teppichchamäleon. DATZ 40 (12): 561-563

**Schmidt, W. und K. Tamm (1988a)** Nachtrag zu Bemerkungen über das Pantherchamäleon. herpetofauna 10 (52), Weinstadt: 11

**Schmidt, W. und K. Tamm (1988b)** Furcifer pardalis, Beilage zur Sauria, Amph./Rept.-Kartei: 101-104 Berlin W. 10 (1)

**Schmidt, W. und H. Simon (1988a)** Die kleinste bekannte Chamäleonart der Welt, Brookesia minima. DATZ 41 (5): 90

**Schmidt, W. und H. Simon (1988b)** Brookesia minima. Beilage zur Sauria, Amph./Rept.-Kartei: 121-124 Berlin W. 10 (4)

**Schuster, M. (1979)** Experimentelle Untersuchungen zum Beutefang-, Kampf- und Fortpflanzungsverhalten von Chamaeleo jacksonii. Dissertation Münster

**Schuster, M. (1984)** Zum fortpflanzungsbiologischen Verhalten von Chamaeleo jacksonii, Boulenger, 1896. Salamandra, Bonn 20 (2/3): 88-100

**Schuster D. und M. Schuster (1980)** Haltung und Zucht von Chamäleon jacksonii bis zur zweiten Generation. Zool. Garten N. F. Leipzig 50:49-51

**Schwenk, K. (1985)** Occurrence, Distribution and Functional Significance of Taste Buds in Lizards. Copeia 1: 91-101

**Siebenrock, F. (1893)** Das Skelett von Brookesia supercilliaris Kuhl. Sber. Akad. Wiss., Wien 102: 71-118

**Steffen, D. und K. Steffen (1989)** MS Terrarienbau, Kamen

**Stettler, P. H. (1973)** Handbuch der Terrarienkunde, Kosmos Verlag, Stuttgart

**Tamm, K., V. Müller und W. Schmidt (1988)** Haltung und Zucht von Furcifer cephalolepis. herpetofauna, Weinstadt, 10 (57): 11-14

**Wager, V. A. (1981)** The Life of Chameleon. A Wildlife Handbook

**Werner, F. (1902)** Prodomus einer Monographie der Chamäleonten. Zool. Ib. Syst. 15: 295-460

**Werner, F. (1911)** Chamaeleontidae. Das Tierreich 27: 1-52

**Werner, F. (1912)** Das Bodenbewohnen des Chamäleons. Bl. Aquar. Terrarienk. 40: 7-9

**Wiite, G.-Fr. (1965)** Les Chaméléons de l-Afrique Centrale. Mus. R. Afr. Cent., Tervuren, Belg. Ann. Ser. 8° Sci. Zool. 142: 1-215

**Zimmermann, E. (1983)** Das Züchten von Terrarientieren. Kosmos Verlag Stuttgart


# Bildnachweis:

Titelbilde: Arend v.d. Nieuwenhuizen

Lothar Bindewald: Seite 21, 39, 46, 71, 73, 82

Ursel Friederich: Seite 30/31, 63

F. Henkel: Seite 51

K. Liebel: Seite 18, 55, 99 unten

Arend v.d. Nieuwenhuizen: Seite 4, 9, 10, 13, 35, 42, 44, 47, 53, 61, 67, 75, 78, 93

Klaus Paysan: Seite 7, 14 unten, 15, 83, 106

Matthias Schmidt: Seite 28

Wolfgang Schmidt: Seite 14 oben, 38, 50, 58, 59, 91, 94, 102 oben, 103

Klaus Tamm: Seite 24, 90

Erich Wallikewitz: Seite 20, 86

Roland Zobel: Seite 23, 95, 98, 99 oben, 102 unten